高含硫气田职工培训教材

高含硫气田环境监测

何建锋 张国辉 编著

中国石化出版社

内容提要

本书详细介绍了普光分公司环保管理和环境监测技术的最新成果，提出了高酸性气田开展常规环境监测和环境应急监测过程中遇到的问题和解决办法，是企业HSE管理水平的真实写照。本书适合高含硫化氢油气田及其他石油石化企业的管理人员和企业员工阅读。

图书在版编目（CIP）数据

高含硫气田环境监测/何建锋，张国辉编著.
—北京：中国石化出版社，2014.5
高含硫气田职工培训教材
ISBN 978-7-5114-2775-5

Ⅰ.①高… Ⅱ.①何… ②张… Ⅲ.①高含硫原油-
气田-环境监测-职工培训-教材 Ⅳ.①X741②X322

中国版本图书馆 CIP 数据核字（2014）第 089407 号

未经本社书面授权，本书任何部分不得被复制、抄袭，或者以任何形式或任何方式传播。版权所有，侵权必究。

中国石化出版社出版发行
地址：北京市东城区安定门外大街58号
邮编：100011　电话：(010)84271850
读者服务部电话：(010)84289974
http://www.sinopec-press.com
E-mail:press@sinopec.com
北京科信印刷有限公司印刷
全国各地新华书店经销
*
787×1092毫米 16开本 8.5印张 121千字
2014年7月第1版　2014年7月第1次印刷
定价:36.00元

高含硫气田职工培训教材

编写委员会

主　　任：王寿平　陈惟国
副主任：盛兆顺
委　　员：郝景喜　刘地渊　张庆生　熊良淦　姜贻伟
　　　　　陶祖强　杨发平　朱德华　杨永钦　吴维德
　　　　　康永华　孔令启

编委会办公室

主　　任：陶祖强
委　　员：马　洲　王金波　程　虎　孔自非　邵志刚
　　　　　李新畅　孙广义

教材编写组

组　　长：熊良淦
副组长：廖家汉　邵理云　臧　磊　张分电　焦玉清
　　　　　马新文　苗　辉
成　　员：李国平　朱文江　时冲锋　洪　祥　肖　斌
　　　　　姚建松　周培立　苗玉强　陈　琳　樊　英

序

2003年，中国石化在四川东北地区发现了迄今为止我国规模最大、丰度最高的特大型整装海相高含硫气田——普光气田。中原油田根据中国石化党组安排，毅然承担起了普光气田开发建设重任，抽调优秀技术管理人员，组织展开了进入新世纪后我国陆上油气田开发建设最大规模的一次"集团军会战"，建成了国内首座百亿立方米级的高含硫气田，并实现了安全平稳运行和科学高效开发。

普光气田主要包括普光主体、大湾区块（大湾气藏、毛坝气藏）、清溪场区块和双庙区块等，位于四川省宣汉县境内，具有高含硫化氢、高压、高产、埋藏深等特点。国内没有同类气田成功开发的经验可供借鉴，开发普光气田面临的是世界级难题，主要表现在三个方面：一是超深高含硫气田储层特征及渗流规律复杂，必须攻克少井高产高效开发的技术难题；二是高含硫化氢天然气腐蚀性极强，普通钢材几小时就会发生应力腐蚀开裂，必须攻克腐蚀防护技术难题；三是硫化氢浓度达1000ppm（$1ppm = 1 \times 10^{-6}$）就会致人瞬间死亡，普光气田高达150000ppm，必须攻克高含硫气田安全控制难题。

经过近七年艰苦卓绝的探索实践，普光气田开发建设取得了重大突破，攻克了新中国成立以来几代石油人努力探索的高含硫气田安全高效开发技术，实现了普光气田的安全高效开发，创新形成了"特大型超深高含硫气田安全高效开发技术"成果，并在普光气田实现了工业化应用，成为我国天然气工业的一大创举，使我国成为世界上少数几个掌握开发特大型超深高含硫气田核心技术的国家，对国家天然气发展战略产生了重要影响。形成的理论、技术、标准对推动我国乃至世界天然气工业的发展作出了重要贡献。作为普光气田开发建设的实践者，感到由衷的自豪和骄傲。

在普光气田开发实践中，中原油田普光分公司在高含硫气田开发、生产、集输以及 HSE 管理等方面取得了宝贵的经验，也建立了一系列的生产、技术、操作标准及规范。为了提高开发建设人员技术素质，2007 年组织开发系统技术人员编制了高含硫气田职工培训实用教材。根据不断取得的新认识、新经验，先后于 2009 年、2010 年组织进行了修订，在职工培训中发挥了重要作用；2012 年组织进行了全面修订完善，形成了系列《高含硫气田职工培训教材》。这套教材是几年来普光气田开发、建设、攻关、探索、实践的总结，是广大技术工作者集体智慧的结晶，具有很强的实践性、实用性和一定的理论性、思想性。该教材的编著和出版，填补了国内高含硫气田职工培训教材的空白，对提高员工理论素养、知识水平和业务能力，进而保障、指导高含硫气田安全高效开发具有重要的意义。

随着气田开发的不断推进、深入，新的技术问题还会不断出现，高含硫气田开发和安全生产运行技术还需要不断完善、丰富，广大技术人员要紧密结合高含硫气田开发的新变化、新进展、新情况，不断探索新规律，不断解决新问题，不断积累新经验，进一步完善教材，丰富内涵，为提升职工整体素质奠定基础，为实现普光气田"安、稳、长、满、优"开发，中原油田持续有效和谐发展，中国石化打造上游"长板"作出新的、更大的贡献。

2013 年 3 月 30 日

前 言

普光气田是我国已发现的最大规模海相整装气田，具有储量丰度高、气藏压力高、硫化氢含量高、气藏埋藏深等特点。普光气田的开发建设，国内外没有现成的理论基础、工程技术、配套装备、施工经验等可供借鉴。决定了普光气田的安全优质开发面临一系列世界级难题。中原油田普光分公司作为直接管理者和操作者，克服困难、积极进取，消化吸收了国内外先进技术和科研成果，在普光气田开发建设、生产运营中不断总结，逐步积累了一套较为成熟的高含硫气田开发运营与安全管理的经验。为了固化、传承、推广好做法，夯实安全培训管理基础，填补高含硫气田开发运营和安全管理领域培训教材的空白，根据气田生产开发实际，组织技术人员，以建立中国石化高含硫气田安全培训规范教材为目标，在已有自编教材的基础上，编著、修订了《高含硫气田职工培训教材》系列丛书，该丛书包括《高含硫气田安全工程》《高含硫气田采气集输》《高含硫气田净化回收》《高含硫气田应急救援》，总编陈惟国。其中，《高含硫气田应急救援培训教材》又包含《高含硫气田救援设备使用维护与保养》《高含硫气田抢救器材操作与应用》《高含硫气田环境监测》《高含硫气田医疗救护》4本，每本教材单独成册。

《高含硫气田环境监测》为《高含硫气田应急救援培训教材》中的一册，理论基础与操作技能并重，内容与国标、行标、企标的要求一致，贴近现场操作规范，具有较强的适应性、先进性和规范性，可以作为高含硫气田职工环境监测工作者的培训使用，也可以为高含硫气田环境监测技术的应用研究、教学、科研提供参考。本册教材主编何建锋、张国辉，副主编毛桂娴、靳立民。内容共分5章，涵盖了高含硫气田环境监测室内分析专业知识和现场布控监测操作规程，第1章由李延利、李莉、于志红编写；第2章由刘莉华、石桂香、曹华杰、邵正昌、黄利华编写；第3章由盛溪、霍海洲编写；第4章由张国辉、罗骏、宋先勇编写；第5章由高长生、俞江、李海凤、褚文营编写；本册教材由张国辉统稿。参加编审的人员有邵志勇、张永刚、孙震等。

在本教材编著过程中，各级领导给予了高度重视和大力支持，朱德华、杨发平、刘地渊、熊良淦、张庆生、姜贻伟、陶祖强对教材进行了审定，普光分公司多位管理专家、技术骨干、技能操作能手为教材的编审修订贡献了智慧，付出了辛勤的劳动，编审工作还得到了中原油田培训中心的大力支持，中国石化出版社对教材的编审和出版工作给予了热情帮助，在此一并表示感谢！

高含硫气田开发生产尚处于起步阶段，安全管理经验方面还需要不断积累完善，恳请在使用过程中多提宝贵意见，为进一步完善、修订教材提供借鉴。

目 录

第1章 实验室质量管理与质量保证 ………………………………（ 1 ）
1.1 基本概念 ……………………………………………………（ 1 ）
1.2 监测点位的布设 ……………………………………………（ 6 ）
1.3 样品的采集与保存 …………………………………………（ 13 ）
1.4 资质认定与质量管理 ………………………………………（ 22 ）
本章思考题 ………………………………………………………（ 31 ）

第2章 环境指标及污染物指标监测 ………………………………（ 32 ）
2.1 理化指标监测 ………………………………………………（ 32 ）
2.2 无机阴离子监测 ……………………………………………（ 45 ）
2.3 有机污染综合指标监测 ……………………………………（ 57 ）
2.4 金属及其化合物监测 ………………………………………（ 78 ）
本章思考题 ………………………………………………………（ 84 ）

第3章 仪器设备的操作和保养 ……………………………………（ 85 ）
3.1 红外分光测油仪 ……………………………………………（ 85 ）
3.2 气相色谱仪 …………………………………………………（ 87 ）
3.3 复合式气体检测仪 …………………………………………（ 91 ）
3.4 原子吸收光谱仪 ……………………………………………（ 97 ）
3.5 精密酸度计 …………………………………………………（101）

第4章 技术方案及报告编制 ………………………………………（103）
4.1 环境监测技术方案编制 ……………………………………（103）
4.2 环境监测技术报告编制 ……………………………………（108）

第5章 应急监测与安全管理 ………………………………………（113）
5.1 环境应急监测预案 …………………………………………（113）
5.2 环境监测实验室事故预案 …………………………………（116）
5.3 环境监测管理制度 …………………………………………（120）
本章思考题 ………………………………………………………（124）

第1章 实验室质量管理与质量保证

1.1 基本概念

1.1.1 灵敏度

灵敏度是指某方法对单位浓度或单位量待测物质变化所产生的响应量的变化程度。

一个方法的灵敏度可因试验条件的变化而改变。在一定的试验条件下，灵敏度具有相对的稳定性。

1.1.2 检出限

检出限为某特定分析方法在给定的置信度内可从样品中检出待测物质的最小浓度或最小量。所谓"检出"是指定性检出，即判定样品中存有浓度高于空白待测物质。

检出限除了与分析中所用试剂和水的空白有关外，还与仪器的稳定性及噪声水平有关。

1.1.3 测定限

测定限为定量范围的两端，分别为测定上限与测定下限。

1.1.3.1 测定下限

在测定误差能满足预定要求的前提下，用特定方法能准确地定量测定待测物质的最小浓度或量，称为该方法的测定下限。

测定下限反映出分析方法能准确地定量测定低浓度水平待测物质的极限可能性。在没有（或消除了）系统误差的前提下，它受精密度要求的限制（精密度通常以相对标准偏差表示）。分析方法的精密度要求越高，测定下限高于检出限越多。

1.1.3.2 测定上限

在限定误差能满足预定要求的前提下，用特定方法能够准确地定量测量待测物质的最大浓度或量，称为该方法的测定上限。

对没有（或消除了）系统误差的特定分析方法的精密度要求不同，测定上限也将不同。

1.1.4 最佳测定范围

最佳测定范围也称有效测定范围，指在限定误差能满足预定要求的前提下，特定方法的测定下限至测定上限之间的浓度范围。在此范围内能够准确地定量测定待测物质的浓度或量。

最佳测定范围应小于方法的适用范围。对测量结果的精密度（通常以相对标准偏差表示）要求越高，响应的最佳测定范围越小。

1.1.5 校准曲线

校准曲线包括标准曲线和工作曲线，前者用标准溶液系列直接测量，没有经过水样的预处理过程，这对于废水样品或基本复杂的水样往往造成较大误差；而后者所使用的标准溶液经过了与水样相同的消解、净化、测量等全过程。

凡应用校准曲线的分析方法，都是在样品测得信号值后，从校准曲线上查得其含量（或浓度）。因此，绘制准确的校准曲线，直接影响到样品分析结果的准确与否。此外，校准曲线也确定了方法的测定范围。

1.1.5.1 校准曲线的绘制

（1）对标准系列，溶液以纯溶剂为参比进行测量后，应先作空白校正，然后绘制标准曲线。

(2) 标准溶液一般可直接测定，但如试样的预处理较复杂致使污染或损失不可忽略时，应和试样同样处理后再测定，在废水测定或有机污染物测定中十分重要，此时应作工作曲线。

(3) 校准曲线的斜率常随环境温度、试剂批号和储存时间等实验条件的改变而变动。因此，在测定式样的同时，绘制校准曲线最为理想，否则应在测定试样的同时，平行测定零浓度和中等浓度标准溶液各两份，取均值相减后与原校准曲线上的相应点核对，其相对差值根据方法精密度不得大于5%～10%，否则应重新绘制校准曲线。

1.1.5.2 校准曲线的检验

(1) 线性检验：即检验校准曲线的精密度。对于以4~6个浓度单位所获得的测量信号值绘制的校准曲线，分光光度法一般要求其相关系数$|r|\geq 0.9990$，否则应找出原因并加以纠正，重新绘制合格的标准曲线。

(2) 截距检验：即检验校准曲线的准确度。在线性检验合格的基础上，对其进行线性回归，得出回归方程$y=a+bx$，然后将所得截距a与0作t检验，当取95%置信水平，经检验无显著性差异时，a可作0处理，方程简化为$y=bx$，$x=y/b$。在线性范围内，可代替查阅校准曲线，直接将样品测量信号值经空白校正后，计算出试样浓度。

当a与0有显著性差异时，表示校准曲线的回归方程计算结果准确度不高，应找出原因并予以校正后，重新绘制校准曲线并经线性检验合格，再计算回归方程，经截距检验合格后投入使用。回归方程如不经上述检验和处理，就直接投入使用，必将给测定结果引入差值相当于截距a的系统误差。

(3) 斜率检验：即检验分析方法的灵敏度，分析方法的灵敏度是随实验条件的变化而改变的。在完全相同的分析条件下，仅由于操作中的随机误差所导致的斜率变化不应超出一定的允许范围，此范围因分析方法的精度不同而异。例如，一般而言，分子吸收分光光度法要求其相对差值小于5%，而原子吸收分光光度法则要求其相对差值小于10%等。

1.1.6 加标回收

在测定样品的同时，于同一样品的子样中加入一定量的标准物质进行测定，将其测定结果扣除样品的测定值，以计算回收率。

加标回收率的测定可以反映测试结果的准确度。当按照平行加标进行回收率测定时，所得结果既可以反映测试结果的准确度，也可以判断其精密度。

在实际测定过程中，有的将标准溶液加入到经过处理后的待测水样中，这不够合理，尤其是测定有机污染成分而试样须经净化处理时，或者测定挥发酚、氨氮、硫化物等需要蒸馏预处理的污染成分时，不能反映预处理过程中的沾污或损失情况，虽然回收率好，但不能完全说明数据准确。

进行加标回收率测定时，还应注意以下几点：

（1）加标物的形态应该和待测物的形态相同。

（2）加标量应和样品中所含待测物的测量精密度控制在相同的范围内，一般情况下作如下规定。

① 加标量应尽量与样品中待测物含量相等或相近，并应注意对样品容积的影响。

② 当样品中待测物含量接近方法检出限，加标量应控制在校准曲线的低浓度范围。

③ 在任何情况下加标量均不得大于待测物含量的 3 倍。

④ 加标后的测定值不应超出方法的测量上限的 90%。

⑤ 当样品中待测物浓度高于校准曲线的中间浓度时，加标量应控制在待测物浓度的半量。

（3）由于加标和样品的分析条件完全相同，其中干扰物质和不正确操作等因素所导致的效果相等。当以其测定结果的减差计算回收率时，常不能确切反映样品测定结果的实际差错。

1.1.7 监测数据的五性

从质量保证和质量控制的角度出发，为了使监测数据能够准确地反映水环境质量的现状，预测污染的发展趋势，要求环境监测数据具有代表性、准确性、精密性、可比性和完整性。环境监测结果的"五性"反映了对监测工作的质量要求。

1.1.7.1 代表性

代表性是指在具有代表性的时间、地点，并按规定的采样要求采集有效样品。所采集的样品必须能反映水质总体的真实状况，监测数据能真实代表污染物在水中的存在状态和水质状况。

1.1.7.2 准确性

准确性是指测定值与真实值的符合程度，监测数据的准确性受从试样的现场固定、保存、传输，到实验室分析等环节影响。一般以监测数据的准确度来表征。

1.1.7.3 精密性

精密性和准确性是监测分析结果的固有属性，必须按照所用方法的特性使之正确实现。数据的准确性是指测定值与真实值的符合程度，而其精密性则表现为测定值有无良好的重复性和再现性。

精密性以监测数据的精密度表征，是使用特定的分析程序在受控条件下重复分析一样品所得测定值之间的一致程度。它反映了分析方法或测量系统存在的随机误差的大小。测试结果的随机误差越小，测试的精密度越高。

为满足某些特殊需要，引用下述三个精密度的专用术语。

平行性。在同一实验室中，当分析人员、分析设备和分析时间都相同时，用同一分析方法对同一样品进行双份或多份平行样测定结果之间的符合程度。

重复性。在同一实验室中，但分析人员、分析设备和分析时间中的任一项不相同时，用同一分析方法对同一样品进行双份或多份平行样测定结果之间的符合程度。

再现性。用相同的方法，对同一样品在不同条件下获得的单个结果之间的一致程度，不同条件是指不同实验室、不同分析人员、不同设备、不同（或相同）时间。

1.1.7.4 可比性

可比性是指用不同测定方法测量同一水样的某污染物时，所得出结果的吻合程度。

1.1.7.5 完整性

完整性强调工作总体规划的切实完成，即保证按预期计划取得有系统性和连续性的有效样品，而且无缺漏地获得这些样品的监测结果及有关信息。

1.2 监测点位的布设

1.2.1 地表水监测断面的设置原则

在确定和优化地表水监测点位时应遵循尺度范围的原则、信息量原则和经济性、代表性、可控性及不断优化的原则。总之，断面在总体和宏观上应能反映水系或区域的水环境质量状况；各断面的具体位置应能反映所在区域环境的污染特征；尽可能以最少的断面获取有足够代表性的环境信息；应考虑实际采样时的可行性和方便性。

根据上述总体原则，对水系可设背景断面、控制断面（若干）和入海断面。对行政区域可设背景断面（含水系源头）或入境断面（对过境河流）、控制断面（若干）和入海河口断面或出境断面。在各控制断面下游，如果河段有足够长度（至少10km），还应设消减断面。

1.2.1.1 监测断面的分类

（1）采样断面：指在河流采样中，实施水样采集的整个剖面。分背景断面、对照断面、控制断面、消减断面和管理断面等。

（2）背景断面：指为评价一完整水系的污染程度，不受人类生活和生产活动影响，提供水环境背景值的断面。

（3）对照断面：指具体判断某一区域水环境污染程度时，位于该区域所有污染源上游处，提供这一水系区域本底值的断面。

（4）控制断面：指为了解水环境受污染程度及其变化情况的断面。即受纳某城市或区域的全部工业和生活污水后的断面。

（5）消减断面：指工业污水或生活污水在水体内流经一定距离而达到最大程度混合，污染物被稀释、降解，其主要污染物浓度有明显降低的断面。

（6）管理断面：为特定环境管理需要而设置的断面。比较常见的有定量化考核、了解各污染源排污、监视饮用水源、流域污染源限期达标排放和河道整治等。

1.2.1.2 设置原则

环境管理除需要上述断面外，还有许多特殊需要，如了解饮用水源地、水源丰富区、主要风景游览区、自然保护区、与水质有关的地方病发病区，严重水土流失及地球化学异常区等水质的断面。

断面位置避开死水区、回水区、排污口处、尽量选择顺直河段、河床稳定、水流平稳、水面宽阔、无急流、无浅滩处。

监测断面力求与水文测流断面一致，以便利用其水文参数，实现水质监测与水量监测的结合。监测断面的布设应考虑社会经济发展，监测工作的实际状况和需要，要具有相对的长远性。

流域同步监测中，根据流域规划和污染源限期达标目标确定监测断面。局部河道整治中，监视整治效果的监测断面，由所在地区环境保护行政主管部门确定。入海的河口断面要设置在所能反映入海河水水质、临近入海口的位置。其他如突发性水环境污染事故、洪水期和退水期的水质监测，应根据现场情况，布设能反映污染物进入水环境和扩散、消减情况的采样断面及点位。

1.2.1.3 河流监测断面的设置方法

（1）背景断面应能反映水系未受污染时的背景值。原则上应设在水系源头处或未受污染的上游河段，如选定断面处于地球化学异常区，则要在异常区的上、下游分别设置。如有较严重的水土流失情况，则设在水土流失区的上游。

（2）对照断面用来反映水系进入某行政区域时的水质状况，因此应设置在水系进入本区域且尚未受到本区域污染源影响处。

（3）控制断面用来反映某排污区（口）排放的污水对水质的影响。因此应设置在排污区（口）的下游，污水与河水基本混匀处。

（4）消减断面主要反映河流水对污染物的稀释净化情况，应设置在控制断面下游，主要污染物浓度有显著下降处。

（5）监测断面的设置数量，应根据掌握水环境质量状况的实际需要，考虑对污染物时空分布和规律的了解、优化的基础上，以最少的断面、垂线和测点取得代表性最好的监测数据。

1.2.1.4 湖泊、水库监测垂线的布设

对于湖泊、水库通常只设监测垂线，如有特殊情况可参照河流的有关规定设置监测断面。

（1）湖（库）区的不同水域，如进水区、出水区、深水区、浅水区、湖心区、岸边区，按水体类别设置监测垂线。

（2）湖（库）区若无明显功能区别，可用网络法均匀设置监测垂线。

（3）监测垂线上采样点的布设一般与河流的规定相同，但对有可能出现温度分层现象时，应作水温、溶解氧的探索性试验后再定。

（4）受污染物影响较大的重要湖泊、水库，应在污染物主要输送路线上设置控制断面。

1.2.1.5 采样点位的确定

在一个监测断面上设置的采样垂线数与各垂线上的采样点数，应符合表1-2-1和表1-2-2，湖（库）监测垂线上的采样点的布设应符合表1-2-3。

表1-2-1 采样垂线数的设置

水面宽	垂线	说明
≤50m	一条（中泓）	①垂线布设应避开污染带，要测污染带应另加垂线； ②确能证明该断面水质均匀时，可仅设中泓垂线； ③凡在该断面要计算污染物通量时，必须按本表设置垂线
50~100m	二条（近左、右岸有明显水流处）	
>100m	三条（左、中、右）	

表1-2-2 采样垂线上的采样点数的设置

水深	采样点数	说明
≤5m	上层一点	① 上层指水面下 0.5m 处,水深不到 0.5m 时,在水深 1/2 处;
5~10m	上、下层两点	② 下层指河底以上 0.5m 处;
>10m	三条(左、中、右)	③ 中层指 1/2 水深处; ④ 封冻时在冰下 0.5m 处采样,水深不到 0.5m 处时,在水深 1/2 处采样; ⑤ 凡在该断面要计算污染物通量时,必须按本表设置采样点

表1-2-3 湖(库)监测垂线采样点的设置

水深	分层情况	采样点数	说明
≤5m		一点(水面下 0.5m 处)	① 分层是指湖水温度分层状况; ② 水深不足 1m,在 1/2 水深处设置测点; ③ 有充分数据证实垂线水质均匀时,可酌情减少测点
5~10m	不分层	二点(水面下 0.5m,水底上 0.5m)	
5~10m	分层	三点(水面下 0.5m,1/2 斜温层,水底上 0.5m 处)	
>10m		除水面下 0.5m,水底上 0.5m 处,按每一斜温分层 1/2 处设置	

1.2.2 污水

污染源的采样取决于调查的目的和监测分析工作的要求。采样涉及采样的时间、地点和频次三个方面。为了采集到有代表性的污水,采样前应该了解污染源的排放规律和污水中污染物浓度的时空变化。在采样的同时还应该测量污水的流量,以获得排污总量数据。

1.2.2.1 污水监测点位的布设原则

第一类污染物采样点位一律设在车间或车间处理设施的排放口或专门处理此类污染物设施的排放口。

第二类污染物采样点一律设在排污单位的外排口。进入集中污水处理厂和进入城市污水管网的污水应根据地方环境保护行政主管部门的要求确定。

污水处理设施效率监测采样点的布设：

（1）对整体污水处理设施效率监测时，在各种进入污水处理设施污水的入口和污水设施的总排口设置采样点。

（2）对各污水处理单元效率监测时，在各种进入处理设施单元污水的入口和设施单元的排口设置采样点。

1.2.2.2 采样点位的管理

（1）采样点位应设置明显标志：采样点位一经确定，不得随意改动。应执行 GB15562.1。

（2）经设置的采样点应建立采样点管理档案，内容包括采样点性质、名称、位置和编号，采样点测流装置，排污规律和排污去向，采样频次及污染因子等。

（3）采样点位的日常管理：经确认的采样点是法定排污监测点，如因生产工艺或其他原因需变更时，由当地环境保护行政主管部门和环境监测站重新确认。排污单位必须经常进行排污口的清障、疏通工作。

1.2.3 土壤

1.2.3.1 布点与样品数容量

"随机"和"等量"原则。样品是由总体中随机采集的一些个体所组成，个体之间存在变异，因此样品与总体之间，既存在同质的"亲缘"关系，样品可作为总体的代表，但同时也存在着一定程度的异质性，差异越小，样品的代表性越好，反之亦然。为了达到采集的监测样品具有好的代表性，必须避免一切主观因素，使组成总体的个体有同样的机会被选入样品，即组成样品的个体应当是随机地取自总体。另一方面，在一组需要相互之间进行比较的样品应当有同样的个体组成，否则样本大的个体所组成的样品，其代表性会大于样本少的个体组成的样品。所以"随机"和"等量"是决定样品具有同等代表性的重要条件。

1.2.3.2 布点方法

（1）简单随机。

将监测单元分成网格，每个网格编上号码，决定采样点样品数后，随机抽取规定的样品数的样品,其样本号码对应的网格号,即采样点。随机数的获得可以利用掷骰子、抽签、查随机数表的方法。关于随机数骰子的使用方法可见GB10111《利用随机数骰子进行随机抽样的办法》。简单随机布点是一种完全不带主观限制条件的布点方法。

(2) 分块随机。

根据收集的资料,如果监测区域内的土壤有明显的几种类型,则可将区域分成几块,每块内污染物较均匀,块间的差异较明显。将每块作为一个监测单元,在每个监测单元内再随机布点。在正确分块的前提下,分块布点的代表性比简单随机布点好,如果分块不正确,分块布点的效果可能会适得其反。

(3) 系统随机。

将监测区域分成面积相等的几部分(网格划分),每网格内布设一采样点,这种布点称为系统随机布点。如果区域内土壤污染物含量变化较大,系统随机布点比简单随机布点所采样品的代表性要好。布点方式示意图如图1-2-1所示。

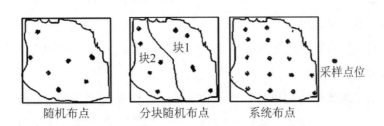

图1-2-1 布点方式示意图

1.2.3.3 基础样品数量

由均方差和绝对偏差计算样品数。用下列公式可计算所需的样品数:

$$N = t^2 s^2 / D^2$$

式中　　N——为样品数;

t——为选定置信水平平一定自由度下的t值(附录A);

s^2——为均方差,可从先前的其它研究或者从极差R $[s^2 = (R/4)^2]$估计;

D——为可接受的绝对偏差。

1.2.3.4 布点数量

土壤监测的布点数量要满足样本容量的基本要求，即上述由均方差和绝对偏差、变异系数和相对偏差计算样品数是样品数的下限数值，实际工作中土壤布点数量还要根据调查目的、调查精度和调查区域环境状况等因素确定。一般要求每个监测单元最少设3个点。

1.2.4 环境空气

环境空气质量监测的目的是为了了解污染物的含量水平及特征，并根据污染源的分布及其特征、气象条件和地理地貌特征等因素，分析评价污染物的现状及其变化规律。现以城市空气质量监测点位的布设为例简述如下。

1.2.4.1 监测点位布设的一般原则

（1）监测点位的布设应具有较好的代表性，应能客观反映一定空间范围内的空气污染水平和变化规律。

（2）应考虑各监测点之间设置条件尽可能一致，使各个监测点取得的监测资料具有可比性。

（3）为了大致反映城市各行政区空气污染水平及规律，在监测点位的布局上尽可能分布均匀。同时，在布局上还应考虑能大致反映城市主要功能区和主要空气污染源的污染现状及变化趋势。

（4）应结合城市规划考虑环境空气监测点位的布设，使确定的监测点位能兼顾城市未来发展的需要。

1.2.4.2 监测点位数目的确定

世界卫生组织（WHO）和美国环保局等对城市环境空气质量监测点数的确定均进行了详细的描述，主要采用以人口数量为基础的经验法，以污染程度和面积为基础的经验法，按人口和功能区的布点法。

1.2.4.3 监测点位具体位置的要求

根据《环境监测技术规范》的要求，在确定环境空气监测点具体位置时，必须满足以下要求。

（1）监测点位置的确定应首先进行周密的调查研究，采用间断性的监测，对本地区空气污染状况有粗略的概念后再选择设置监测点的位置。监测点的位置一经确定之后，不宜轻易变动，以保证监测资料的连续性和可比性。

（2）在监测点 50m 范围内不能有明显的污染源，不能靠近炉、窑和锅炉烟囱。

（3）监测点周围建设情况相对稳定，在相当长的时间内不能有新的建筑工地出现。监测点应建在长期使用，且不会改动的地方。

（4）监测点应地处相对安全和防火措施有保障的地方。

（5）监测点位附近无强大的电磁波干扰，周围容易获得稳定可靠的电源供给，电话线容易安装和检修。

（6）为了方便进出监测点位进行维修，应有便于出入监测点位的车辆通道。

（7）在监测点采样口周围 270° 捕集空间，环境空气流动不受任何影响。如果采样管的一边靠近建筑物，至少在采样口周围要有 180° 弧形范围的自由空间。

（8）点式监测仪器（每个监测项目对应一台监测仪器），采样口周围不能有高大建筑物、树木或其他障碍物阻碍环境空气流通。

1.3　样品的采集与保存

1.3.1　地表水和地下水样的采集

1.3.1.1　采样前的准备

（1）确定采样负责人。

主要负责制订采样计划并组织实施。

（2）制订采样计划。

采样负责人在制订计划前要充分了解该项监测任务的目的和要求，应对要采样的监测断面周围情况了解清楚，并熟悉采样方法、水样容器的洗涤、样品的保存技术。在有现场测定项目和任务时，还应了解有关现场测定技术。

采样计划应包括确定的采样垂线和采样点位、测定项目和数量、采样质量保证措施、采样时间和路线、采样人员和分工，采样器材和交通工具以及需要进行的现场测定项目和安全保证等。

(3) 采样器材与现场测定仪器的准备。

采样器材主要是采样器和水样容器，容器则应事先充分地清洗，容器应做到定点、定项。

采样人员必须通过岗前培训，切实掌握采样技术，熟知水样固定、保存、运输条件。

1.3.1.2 不同类型水样的采样方法

(1) 表层水。

在河流、湖泊可以直接汲水的场合，可用适当的容器如水桶采样。从桥上等地方采样时，可将系着绳子的聚乙烯桶或带有坠子的采样瓶投于水中汲水。要注意不能混入漂浮于水面上的物质。用船只采样时，采样船应位于下游方向，逆流采样，避免搅动底部沉积物造成水样污染，采样人员应在船前部采样，尽量使采样器远离船体。在同一采样点上分层采样时，应自上而下进行，避免不同层次水体混扰。

(2) 一定深度的水。

在湖泊、水库等处采集一定深度的水时，可用直立式或有机玻璃采水器。这类装置是在下沉过程中，水就从采样器中流过。当达到预定的深度时，容器能够闭合而汲取水样。在河水流动缓慢的情况下，采用上述方法时，最好在采样器下系上适宜重量的坠子，当水深流急时要系上相应重的铅鱼，并配备绞车。

(3) 泉水、井水。

对于自喷的泉水，可在涌口处直接采样。采集不自喷泉水时，将停滞在抽水管的水汲出，新水更替之后，再进行采样。

从井水采集水样时，必须在充分抽汲后进行，以保证水样能代表地下水水源。

(4) 自来水或抽水设备中的水。

采取这些水样时，应先放水数分钟，使积留在水管中的杂质及陈旧水排出，然后再取样。

1.3.1.3 地表水采样的注意事项

（1）采样时不可以搅动水底部的沉积物。

（2）采样时应保证采样点的位置准确，必要时使用定位仪（GPS）定位。采样断面应有明显的标志物，采样人员不得擅自改动采样位置。

（3）认真填写"水质采样记录表"，用签字笔或硬质铅笔在现场记录，字迹应端正、清晰、项目完整。

（4）保证采样按时、准确、安全。

（5）采样结束前，应核对采样计划、记录与水样，如有错误或遗漏，应立即补采或重新采集。

（6）如采样现场水体很不均匀，无法采到具有代表性的样品，则应详细记录不均匀的情况和实际采样情况，供使用该数据者参考，并将此现场情况向环境保护行政主管部门反映。

（7）测定油类的水样，应在水面至300mm采集柱状水样，并单独采样，全部用于测定。并且采样瓶（容器）不能用采集的水样冲洗（采样前先破坏可能存在的油膜，用直立式采水器把玻璃材质容器安装在采水器的支架中，将其放到300mm深度，边采水边向上提升，在到达水面时剩余适当空间）。

（8）测溶解氧、生化需氧量和有机污染物等项目时，水样必须注满容器，上部不留空间，并有水封口。

（9）如果水样中含沉降性固体（如泥沙等），则应分离除去。分离的方法为：将所采水样摇匀后倒入筒形玻璃容器（如1～2L量筒），静置30min，将不含沉降性固体但含有悬浮性固体的水样移入盛样容器并加入保存剂。测定水温、pH值、DO、电导率、总悬浮物和油类的水样除外。

（10）测定湖库水的COD、高锰酸盐指数、叶绿素α时，水样静置30min后，用吸管一次或几次移取水样，吸管进水尖嘴应插至水样表层50mm以下位置，再加保存剂保存。

（11）测定油类、BOD_5、DO、硫化物、余氯、悬浮物等项目要单独采样。

（12）采样时，除油类、DO、BOD_5、有机物、余氯等有特殊要求的项目外，采集水样前，要先用采样水荡洗采样器与水样容器2~3次，然后再将水样采入容器中，并按要求立即加入相应的固定剂，贴好标签。

（13）每次分析结束后，除必要的留存样品外，样品瓶应及时清洗。水环境例行监测水样容器和污染源监测水样容器应分架存放，不得混用。各类采样容器应按测定项目与采样点位、分类编号，固定专用。

1.3.1.4 水质采样现场描述与现场测定项目

（1）水温：用经检定的温度计直接插入采样点测量。温度计应在测点放置5~7min待测得的水温恒定不变后读数。

（2）pH值：用测量精度为0.1的pH计测定。测定前应清洗和校正仪器。

（3）DO：用膜电极法（注意防止膜上附着微小气泡）。

（4）电导率：用电导率仪测定。

（5）水样感官指标的描述颜色：用相同的比色管、分取等体积的水样和蒸馏水作比较，进行定性描述。

1.3.1.5 水样的保存及运输 凡能做现场测定的项目，均应在现场测定

水样运输前应将容器的外（内）盖盖紧，装箱时应用泡沫塑料等分隔，以防破损。箱子上应有"切勿倒置"等明显标志，同一采样点的样品瓶应尽量装在同一个箱子中，如分装在几个箱子内，则各箱内均应有同样的采样记录表，运输前应检查所采水样是否已全部装箱。运输时应有专门押运人员。水样交化验室时，应有交接手续。

1.3.2 污水的采集

1.3.2.1 污水采样方法

（1）污水的监测项目按照行业类型有不同要求。

在分时间单元采集样品时，测定pH、COD、BOD_5、DO、硫化物、油类、有机物、余氯、悬浮物等项目的样品，不能混合，只能单独采样。

（2）不同监测项目要求。

对不同的监测项目应选用的容器材质、加入的保存剂及其用量与保存期、应

采集的水样体积和容器及其洗涤方法等见相关要求。

（3）自动采样。

自动采样用自动采样器进行，有时间等比例采样和流量比例采样，当污水排放量较稳定时可采用时间比例采样，否则必须采用流量比例采样。所用的自动采样器必须符合国家环保总局颁布的污水采样器技术要求。

（4）实际采样位置的设置。

实际的采样位置应在采样断面的中心，当水深大于1m时，应在表层下1/4深度处采样，水深小于或等于1m时，在水深的1/2处采样。

1.3.2.2 注意事项

（1）用样品容器直接采样时，必须用水样冲洗三次后再行采样，但当水面有浮油时，采油的容器不能冲洗。

（2）采样时应注意除去水面的杂物、垃圾等漂浮物。

（3）用于测定悬浮物、BOD_5、硫化物、油类、余氯的水样，必须单独定容采样，全部用于测定。

（4）在选用特殊的专用采样器（如油类采样器）时，应按照该采样器的使用方法采样。

（5）采样时应认真填写"污水采样记录表"，表中应有以下内容：污染源名称、监测目的、监测项目、采样地点、采样时间、样品编号、污水性质、污水流量、采样人员姓名及其他有关事项等。

（6）凡需现场监测的项目，应进行现场监测。其他注意事项可参见地表水质监测的采样部分。

1.3.2.3 污水样品的保存、运输和记录

污水样品的组成往往相当复杂，其稳定性通常比地表水样更差，应设法尽快测定，保存和运输方面的具体要求参照地表水样的有关规定。

采样后要在每个样品瓶上帖一标签，标明点位编号、采样日期和时间、测定项目和保存方法等。

1.3.2.4 样品的保存及运输

（1）水样保存方法。

① 冷藏或冷冻。

样品在4℃冷藏或将水样迅速冷冻，贮存于暗处，可以抑制生物活动，减缓物理挥发作用和化学反应速度。

在大多数情况下，从采集样品后到运输到实验室期间，在1~5℃冷藏并暗处保存，对保存样品就足够了，冷藏并不适用长期保存，对废水的保存时间更短。

零下20℃的冷冻温度一般能延长储存期。分析挥发性物质不适用冷冻程序。一般选用塑料容器，强烈推荐聚氯乙烯或聚乙烯等塑料容器。

② 加入化学保存剂。

（a）控制溶液pH值：测定金属离子的水样常用硝酸酸化至pH=1~2，既可以防止重金属的水解沉淀，又可以防止金属在器壁表面上的吸附，同时在pH=1~2的酸性介质中还能抑制生物的活动，用此法保存，大多数金属可稳定数周或数月，测定六价铬的水样应加氢氧化钠调至pH=8，因在酸性介质中，六价铬的氧化电位高，易被还原，保存总铬的水样，则应加硝酸或硫酸至pH=1~2。

（b）加入抑制剂：为了抑制生物作用，可在样品中加入抑制剂，如在测氨氮、硝酸盐氮和COD的水样中，加氯化汞或加入三氯甲烷、甲苯作防护剂以抑制生物对亚硝酸盐、硝酸盐、铵盐的氧化还原作用，在测酚水样中用磷酸调溶液的pH值，加入硫酸铜以控制苯酚分解菌的活动。

（c）加入氧化剂：水样中痕量汞易被还原，引起汞的挥发性损失，加入硝酸—重铬酸钾溶液可使汞维持在高氧化态，汞的稳定性大为改善。

（d）加入还原剂：测定硫化物的水样，加入抗坏血酸对保存有利，含余氯水样，能氧化氰离子，可使酚类、烃类、苯系物氯化生成相应的衍生物，为此在采样时加入适当的硫代硫酸钠予以还原，除去余氯干扰。

样品保存剂如酸、碱或其他试剂在采样前应进行空白试验，其纯度和等级必须达到分析的要求。

（2）水样的管理与运输。

① 水样的管理。

样品是从各种水体及各类型水中取得的实物证据和资料，水样妥善而严格的管理是获得可靠监测数据的必要手段。

水样采集后，往往根据不同的分析要求，分装成数份，并分别加入保存剂，对每一份样品都应附一张完整的水样标签，水样标签的设计可以根据实际情况，一般包括：采样目的、监测点数目、位置、监测日期、时间、采样人员等，标签使用不褪色的墨水填写，并牢固地贴于盛装水样和容器外壁上。

② 水样的运输和交接。

水样采集后必须立即送回实验室，根据采样点的地理位置和每个项目分析前最长可保存时间，选用适当的运输方式，在现场工作开始之前，就要安排好水样的运输工作，以防延误。

水样运输前应将容器的外（内）盖盖紧，装箱时应用泡沫塑料等分隔，以防破损。同一采样点的样品应装在同一包装箱内，如需分装在两个或几个箱子中时，则需在每个箱内放入相同的现场采样记录表，运输前应检查现场记录上的所有水样是否全部装箱。要用醒目色彩在包装箱顶部和侧面标上"切勿倒置"的标记。

每个水样瓶均需贴上标签，内容有采样点位编号，采样日期和时间、测定项目、保存方法，并写明用何种保存剂。装有水样的容器必须加以妥善的保存和密封，并装在包装箱内固定，以防在运输途中破损，除了防震、避免日光照射和低温运输外，还要防止新的污染物进入容器和沾污瓶口使水样变质。

在水样品运输过程中，应有押运人员，每个水样都要附有一张管理程序登记卡，在转交水样时，转交人和接受人都必须清点和检查水样并在登记卡上签字，注明日期和时间。

水样送至实验室时，检查水样是否冷藏，冷藏温度是否保持 $1\sim5℃$，其次要验明标签，交接双方应一一核对样品，清点样品数量，办妥交接手续，确认无误时签字验收。如果不能立即进行分析，应尽快采取保存措施，防止水样被污染。

在运输途中如果水样超过了保质期，管理员应对水样进行检查，如果决定仍然进行分析，那么在出报告时，应明确标出采样和分析时间。

1.3.3 大气样品的采集

1.3.3.1 采样前准备

（1）根据所监测项目及采样时间，准备待用的气样捕集装置或采样器。

（2）气密性检查：连接采样系统各装置，确认采样系统连接正确后，检查采样系统是否有漏气现象。若有，应及时排除或更换新的装置。

（3）采样流量校准。启动抽气泵，将采样器流量计的指示流量调节至提需采样流量。用经检定合格的标准流量计对采样器流量计进行校准。

（4）按要求连接采样系统，并检查连接是否正确。

1.3.3.2 采样

（1）将气样捕集装置串联到采样系统中，核对样品编号，并将采样流量调至所需的采样流量，开始采样，记录采样流量、开始采样时间、气样温度、压力等参数，气样温度和压力可分别用温度计和气压表进行同步现场测量。

（2）采样结束后，取下样品，将气体捕集装置进、出气口密封，记录采样流量、采样结束时间、气样温度、压力等参数。按相应项目的标准监测分析方法要求运送和保存待测样品。

（3）在使用溶液吸收法时，应注意以下几个问题。

① 选择吸收率。当采气流量一定时，为使气液接触面积增大，提高吸收效率，应尽可能的使气泡直径变小，液体高度加大，尖嘴部的气泡速度减慢，但不宜过度，否则管路内压增加，无法采样，建议通过实验测定实际吸收效率来进行选择。

② 吸收管。由于加工工艺等问题，应对吸收管的吸收率进行检查，选择吸收效率为90%以上的吸收管，尤其是使用气泡吸收管和冲击管时；新购置的吸收管要进行气密性检查，吸收管路的内压不宜过大或过小，可能的话要进行阻力测试，采样时，吸收管要垂直放置，进气内管要置于中心的位置。

③ 稳定性。部分方法的吸收液或吸收待测污染物后的溶液稳定性较差，易受空气氧化、日光照射而分散或随现场温度的变化而分解等，应严格按操作规程

采取密封、避光或恒温采样等措施，并尽快分析。

④ 其他。现场采样时，要注意观察不能有泡沫抽出，采样后，用样品溶液洗涤进气口内壁三次，再倒出分析。

1.3.4 固体废物样品的采集及样品的管理与运输

1.3.4.1 方案设计（采样计划制订）

在工业固体废物采样前，应首先进行采样方案（采样计划）设计。方案内容包括采样目的和要求、背景调查和现场踏勘、采样程序、安全措施、质量控制、采样记录和报告等。

1.3.4.2 采样程序

(1) 确定批废物量；
(2) 选派采样人员；
(3) 明确采样目的和要求；
(4) 进行背景调查和现场踏勘；
(5) 确定采样方法；
(6) 确定份样量；
(7) 确定份样数；
(8) 确定采样点；
(9) 选择采样工具；
(10) 制定安全措施；
(11) 制定质量控制措施；
(12) 采样；
(13) 组成小样（或）大样。

1.3.4.3 采样的注意事项及样品管理与运输

(1) 要取具有代表性的工业固体废物的样品。

(2) 在工业废物采样前，应设计详细的采样方案或采样计划。采样过程中，应认真按采样方案进行操作。

（3）对采样人员应进行培训。应由受过专门培训、有经验的人员承担。

（4）采样工具、设备所用材质不能和待采工业固体废物有任何反应，不能使待采工业固体废物污染、分层和损失，采样工具应干燥、清洁，便于使用、清洗、保养、检查和维修。

（5）采样过程中要防止待采工业固体废物受到污染和发生变质。

（6）盛样容器材质与样品物质不起作用，没有渗透性，具有符合要求的盖、塞或阀门，使用前应洗净、干燥，对光敏性工业固体废物样品，盛样容器应是不透光的。

（7）样品盛入容器后，在容器壁上应随即贴上标签，标签内容包括：样品名称及编号、工业固体废物批及批量、产生单位、采样部位、采样日期、采样人等。

（8）样品运输过程中，应防止不同工业固体废物样品之间的交叉污染，盛样容器不可倒置、倒放、应防止破损、浸湿和污染。

（9）填写好、保存好采样记录和采样报告。

（10）采样全过程应由专人负责。

1.4 资质认定与质量管理

1.4.1 资质认定与实验室认可

1.4.1.1 目的和意义

"计量法"规定计量行政部门对社会公用计量器具"用于贸易结算、安全防护、医疗卫生、环境监测方面列入强制检定目录的工作计量器具，实行强制检定"。而"计量检定"正式资质认定的主要内容之一。资质认定的目的是：

（1）保障全国计量单位制的统一和量值的准确可靠。

（2）提高质检机构的知名度和竞争力。

（3）提高质检机构的竞争力、检测技术水平和第三方公正性，"测量数据"受到法律承认和保护。

(4) 确立质检机构的合法地位和权威。

(5) 为国际间监测数据的相互承认，与国际接轨创造条件。

这几方面与环境监测机构要达到的目的是一致的，其出发点也是相吻合的。因此，资质认定会更加强化环境监测机构的规范化、科学化和标准化管理，提高监测数据的可靠性和准确性。

资质认定是为了促进监测站的质量管理，提高监测人员的素质、检测技术水平和监测数据质量；是强制性的，在规定期限内不通过认证，其出具的监测数据会失去第三方公正性和权威性，也会失去法律效率。

实验室认可是自愿的，目前还没达到强制性阶段认可的对象是各检测实验室。

1.4.1.2 资质认定和实验室认可的内容

(1) 资质认定。

① 计量检定、测试设备的配备情况与测试能力的符合程度，仪器设备的准确度、量程等主要技术指标必须达到资质认定的要求。

② 计量检定、测试设备的工作环境，包括温度、湿度、防尘、防震、防腐蚀、防干扰等条件，均应适应测试工作的需要。

③ 使用测试设备和测试手段的操作人员，应具备计量基本知识、环境监测专业知识和实际操作经验，其理论知识和操作技能必须考核合格。

④ 环境检测机构应具有保证量值统一、量值溯源和量值传递准确、可靠的措施及测试数据公正可靠的管理制度。

⑤ 测试样品的时空代表性、采样频率、样品的保管和运输等应符合监测技术规范的要求，可作为检查的内容。

(2) 实验室认可。

实验室认可由中国实验室国家认可委组织实施，其认可的主要内容为：检测结果的公正性、质量方针与目标、组织与管理，如组织机构、技术委员会、质量监督网、权利委派，防止不恰当干扰、保护委托人机密和所有权、比对和能力验证计划等，质量体系、审核与评审。检测样品的代表性、有效性和完整性将直接影响检测结果的准确性，是在实验室认可中特别强调的内容，因此必须对抽样过程、样品的接受、流转、储存、处置以及样品的识别等各个环节实施有效的质量控制。

1.4.1.3 规范化监测工作

环境监测工作包括布点、采样、测试、数据处理和综合评价等几个环节,要求对从布点到取得数据的整个过程进行全面质量管理。监测工作要按照统一的技术规范、方法的要求,依照一定的程序,进行科学的组织与技术上的规范化管理。主要有以下几个方面。

(1) 样品的时空代表性与真实性。

按规范布设监测网点,取得最佳监测点位数和最佳点位,保证监测数据代表性、可比性,布点记录和图表应齐全。

(2) 样品的采集、保管与运输。

按规范要求,保证采集样品的真实性和代表性,既能满足时空要求,又要样品在分析前不发生物理化学性质的改变。采样方法、采样器、样品的保存、运输及有关的记录表格都要规范化。

(3) 样品的测试分析与数据处理。

样品测试按规定方法进行。操作要规范化,测试结果有效位数的取舍、异常值的判断与剔除方法、误差的计算等要符合相应的标准要求。

(4) 测试工作的质量保证。

样品登记、任务下达、原始记录,以及数据报表等都应制定出规范化表格。其中,对可能硬性测试结果的有关因素(如仪器设备、样品情况、环境条件等)要有详细的记载要求。

(5) 测试结果的审核与发出。

数据的规范管理与测试报告的审核程序:数据管理要规范化,测试数据的记录、删改要按照有关规定执行,原始记录一律不得用铅笔书写,个人不得保存原始记录。环境监测机构报出的测试结果要经过三级审核,各级负责人签字后,方为有效。所谓三级审核,及测试结果要经有关人员复核,质量保证负责人审核,最后报本单位技术负责人签字后才能对外发出。

各种原始记录与测试结果报告,一律要按国家规定使用法定计量单位。

1.4.2 环境监测机构资质认定的评审内容

评审内容分为管理要求和技术要求,共19个要素。

1.4.2.1 管理要求(11个)

(1) 组织;

(2) 管理体系;

(3) 文件控制;

(4) 检测和/或校准分包;

(5) 服务和供应品的采购;

(6) 合同评审;

(7) 申诉和投诉;

(8) 纠正措施、预防措施及改进;

(9) 记录;

(10) 内部审核;

(11) 管理评审。

1.4.2.2 技术要求(8个)

(1) 人员;

(2) 设施和环境条件;

(3) 检测和校准方法;

(4) 设备和标准物质;

(5) 量值溯源;

(6) 抽样和样品处置;

(7) 结果质量控制;

(8) 结果报告。

1.4.3 实验室质量控制与数据统计处理

环境监测质量保证包括环境监测全过程的质量管理和措施,实验室质量控制是环境监测质量保证的重要组成部分。

当采集到具有代表性和有效性的样品送到实验室进行分析测试时，为获得符合质量要求的数据，就必须对分析过程的各个环节实施各项质控技术，如质量控制的程序和管理规定等。

实验室质量控制包括实验室内质量控制（内部质量控制）和实验室间的质量控制（外部质量控制）。

1.4.3.1 实验室内质量控制

（1）实验室内质量控制的目的和意义。

实验室内质量控制的目的在于控制监测分析人员的实验误差，使之达到规定的范围，以保证测试结果的精密性和准确性能在给定的置信水平下，达到容许限规定的质量要求。

（2）关于误差的概念。

由于人们认识能力的不足和科学技术水平的限制，测量值与真值之间总是存在异差，这个差异叫做误差。任何测量结果都有误差，误差存在一切结果的全过程。

A. 误差的分类及表示方法

（1）系统误差：又称恒定误差、可测误差或偏倚，是指在多次测量同一量时某测量值与真值之间的误差的绝对值和符号保持恒定或归结为某几个因数函数，它可以修正或消除。

（2）随机误差：是由测量过程中各种随机因素的共同作用造成的。在实际测量条件下，多次测量同一量时，误差的绝对值和符号的变化，时大时小、时正时负，但是主要服从正态分布，具有下列特点。

① 有界性：在一定条件下，对同一量进行有限次测量的结果，其误差的绝对值不会超过一定界限。

② 单峰性：绝对值小的误差出现的次数比绝对值大的误差出现的次数多。

③ 对称性：在测量次数足够多时，绝对值相等的正误差与负误差出现的次数大致相等。

④ 抵偿性：在一定的条件下，对同一量进行测量，随机误差的代数和随着

测量次数的无限增加而趋于零。其产生的原因是由许多不可控制或未加控制的因素微小波动引起的。如环境温度的变化、电源电压微小波动,仪器噪声的变化、分析人员判断能力和操作技术的差异等。它可以减小,不能消除,有效的方法是增加测量次数。

(3) 过失误差:是由测量过程中发生不应有的错误造成的,如错用样品、错用试剂、仪器故障、记录错误或计算错误等。

误差表示方法有:

① 绝对误差:测量值和真值之差。

$$绝对误差 = 测量值 - 真值$$

② 相对误差:绝对误差与真值的比值。

$$相对误差 = \frac{绝对误差}{真值} \times 100\%$$

③ 绝对偏差:真值一般是不知道的,所以绝对误差常以绝对偏差表示;某一测量值与多次测量值的均值之差。

$$绝对偏差 = X_i - \bar{x}$$

④ 相对偏差:绝对偏差与真值的比值。

$$相对偏差(\%) = \frac{d_i}{\bar{x}} \times 100\%$$

⑤ 平均偏差:绝对偏差的绝对值之和的平均值

$$平均偏差\ \bar{d} = \frac{1}{n} \sum_{i=1}^{n} |d_i|$$

⑥ 相对平均偏差:平均偏差与均值的比值。

$$相对平均偏差 = \frac{\bar{d}}{\bar{x}} \times 100\%$$

⑦ 极差:一组测量值内最大值与最小值之差。

$$R = X_{max} - X_{min}$$

⑧ 标准偏差 $s = \sqrt{\frac{1}{n-1}\left[\sum_{i=1}^{n} x_i^2 - \frac{1}{n}\left(\sum_{i=1}^{n} x_i\right)^2\right]}$

⑨ 相对标准偏差 $RSD\% = \frac{s}{\bar{x}} \times 100\%$

B. 准确度和精密度

准确度：单次重复测定值的总体均值与真值之间的符合程度叫准确度。

$$RE\% = \frac{u - \bar{x}}{u} \times 100\%$$

精密度：在特定的分析程序和受控条件下，重复分析均一样品测定值之间的一致程度。

1.4.3.2　实验室内质量控制程序

（1）方法选定。

首先选用国家标准分析方法，如果没有相应的标准分析方法时，就优先采用统一方法，这种方法也是经过验证的，是比较成熟和完善的分析方法，在经过全面的标准化程序经有关机构批准后可以上升为标准方法。

（2）基础实验。

① 对选定的方法，要了解其特性，正确掌握实验条件，必要时，应带已知样品进行方法操作练习，直到熟悉和掌握为止。

② 做空白试验。

（a）空白值的大小和它的分散程度，影响着方法的检出限和测试结果的精密度。

（b）影响空白值的因素有：纯水的质量、试剂纯度、试液的配置质量、玻璃器皿的洁净度、精密仪器的灵敏度和精确度、实验室的清洁度、分析人员的操作水平和经验等。

（c）空白实验值的要求：空白试验的重复结果应控制在一定的范围内，一般要求平行双份测定值的相对差值不大于 50%。

（d）检出限的估算。检出限是指所用方法在给定的可靠程序内可以从零浓度检测到待测物质的最小量（或最小浓度）。所谓检出是定性检出，判定样品中有浓度高于空白的待测物质。

当计算值小于或等于方法规定值时，为合格，可进行下步实验。当计算值大于方法规定值时，应检查原因，指导计算值合格为止，若经重复实验，检出限仍大于或低于方法检测限时，经有关技术部门批准，可采用本实验室的检出限。

1.4.3.3 校准曲线的绘制

绘制校准曲线时：

（1）至少应包括 5 个浓度点的信号值。

（2）校准曲线分工作曲线和标准曲线，根据具体方法选用。

（3）测定信号后，在坐标纸上绘制散点分布图。

（4）若散点图的点阵分布满足要求后，再进行线性回归处理，根据回归结果建立回归方程，否则应查找原因后，再进行回归。

1.4.3.4 常规监测的质量控制程序

（1）平行样的分析：抽取样品数的 10%～20%。

（2）加标回收分析：抽取样品数的 10%～20%。

（3）密码样的分析：抽取样品数的 10%～20%。

（4）标准物质（或质控样）对比分析：标准物质（或质控样）可以是密码样，也可以是明码样。

（5）室内互检。

（6）室间外检。

（7）方法比对分析。

（8）质量控制图的绘制。

1.4.4 实验室分析质控程序与质控指标体系

1.4.4.1 校准曲线及精密度、准确度检验

（1）校准曲线的制作。

校准曲线是表述待测物质浓度与所测量仪器响应值的函数关系，制好校准曲线是取得准确测定结果的基础。

① 分析实用的校准曲线为该分析方法的直线范围，根据方法的测量范围（直线范围），配置一系列浓度的标准溶液，系列的浓度值应较均匀分布在测量范围内，系列点大于等于 6 个（包括零浓度）。

② 校准曲线的测量应按样品测定的相同步骤进行，测得的响应值在扣除零

浓度的响应值后,绘制曲线。

③ 用线性回归方程计算出校准曲线的相关系数、截距和斜率,应符合标准方法中规定的要求,一般情况相关系数(r)应≥ 0.999。

(2)精密度检验。

精密度是指使用特定的分析程序,在受控的条件下重复分析测定均一样品所获的测定值之间是一致性程度。

检验分析方法精密度时,通常以标准溶液(浓度可选在校准曲线上限浓度值的0.1倍和0.9倍)、实际水样和水样加标三种分析样品,参照空白测定方法,求得批内、批间和总标准偏差,测得的值应等于(或小于)方法规定的值。

(3)准确度检验。

准确度是反映方法系统误差和随机误差的综合指标。检验准确度可用:

① 使用标准物质进行分析测定,测得值与保证值比较求得绝对误差。

② 加标回收率测定(加标量一般为样品含量的0.5~2倍,但加标后的总浓度应不超过方法的测定上限浓度值),测得的绝对误差和回收率应符合方法规定的要求。

1.4.4.2 干扰试验

针对实际样品中可能存在的共存物,检验其是否对测定有干扰,了解共存物的最大允许浓度。干扰可能导致正或负的系统误差,其作用与待测物浓度和共存物浓度大小有关。

为此干扰试验应选择两个(或多个)待测物浓度值和不同水平的共存物浓度的溶液进行试验测定。

1.4.4.3 实验分析质控程序

(1)送入实验室的样品首先应该核对采样单、容器编号、包装情况、保存条件和有效期等,符合要求的样品方可开展分析。

(2)每批样品分析时:空白样品对被测项目有相应的,必须做一个实验室空白,对出现空白值明显偏高时,应仔细检查原因,以消除空白值偏高的因素。

(3)样品分析:用分光光度法校准曲线定量时,必须检验校准曲线和截距是否正常。原子吸收分光光度法,气相色谱法等仪器分析方法校准曲线制作,必须与样品测定同时进行。

(4) 精密度控制:对均匀性样品,凡能作平行双样的分析项目,分析每批水样时均需做 10% 的平行双样,样品较少时,每批样品至少做一份样品的平行双样。平行双样可以采用明码和密码编入。测定平行双样的允许差符合规定质控指标的样品,最终结果以双样测试结果的平均值报出。平行双样测试结果超出规定允许差时,在样品允许保质期内,再加测一次,取相对标准偏差符合规定质控指标体系的两个测定值报出。

(5) 准确度控制:例行地表水质监测中,采用标准样品或质控样品作为质控手段,每批样品带一个已知浓度的质控样品。如果实验室自行配制质控样,要注意与国家标准样品进行比对,但不得使用与绘制校准曲线相同的标准溶液,必须另行配制。质控样品的测试结果应控制在 90%~110%,标准样品的测试结果应控制在 95%~105%,对痕量有机污染物应控制在 70%~130%。

(6) 执行三级审核制度:审核范围:采样、分析原始记录、报告表。审核内容包括:监测采样方案及其执行情况、数据计算过程、质控措施、计量单位、编号等。第一级审核为采样人员之间及分析人员的互校;第二级为室(科或组)负责人的审核;第三级为站技术负责人(或技术主管)的审核。第一级互校后,校核人应在原始记录上签名,第二、三级审核后,应在报告表上签名。

本章思考题

1. 监测数据的五性有哪些?
2. 什么是误差?
3. 哪些项目需单独采样?

第2章 环境指标及污染物指标监测

2.1 理化指标监测

2.1.1 水温

2.1.1.1 方法依据

依据《水和废水监测分析方法》,按照监测方法所依据的原理,水温测量应在现场进行,常用的方法是水温计法。

它适用于浅层水温的测量。水的温度由于水源不同,而有很大差异,一般来说,地下水温度比较稳定,地面水温度变化较大,天然地面水的温度一年中随季节在 0~35℃ 的范围内变动。此方法应在现场进行。同时测量大气温度和水体 pH 值。水温计是安装于金属半圆槽壳内的水银温度表,下端连接一金属储水杯,温度表水银球部悬于杯中,其顶端的槽壳带一圆环,拴一定长度的绳子。测温范围通常为 -6~41℃,最小分度为 0.2℃。测量时将其插入一定深度的水中,放置 5min 后,迅速提出水面并读数。

2.1.1.2 测定原理

在水样采集现场,使用专门的水银温度计,利用温度计水银柱的热胀冷缩,直接测量并读取水温。

(1) 方法适用范围。

适用于地表水、污水等浅层水温的测量。

(2) 使用仪器。

水温计。

(3) 分析步骤。

将水温计投入水中至待测深度，感温 5min 后，迅速上提并迅速读数，从水温计离开水面至读数完毕不超过 20s，读数完毕后，将桶内水倒净。当气温与水温相差较大时，立即读数，避免受气温的影响。必要时，重复插入水中，再一次读数。

(4) 结果表达、质量保证及实施。

科学的直接读数，按要求出报告，质量保证贯穿监测工作的全部过程。

(5) 注意事项。

① 当现场气温高于 35℃ 或低于 -30℃ 时，水温计在水中的停留时间要适当的延长，已达到温度平衡。在冬季寒冷地区，读数应在 3s 内完成，否则水温计表面形成一层薄冰，影响读数的准确性。水温测量必须在水流稳定地方进行。

② 温度计需定期校正。

③ 在数值稳定后才可准确地读出。

2.1.2 色度-稀释倍数法

色度，顾名思义就是对颜色的度量。

色度是水质的外观指标，水的颜色分为表色和真色。

纯水无色透明，清洁水在水层浅时应为无色，深层为浅蓝绿色。天然水中含有腐殖质、土、浮游生物、铁和锰等金属离子，均可使水体着色。纺织、印染、造纸、食品、有机合成工业的废水中，常含有大量的染料、生物色素和有色悬浮物微粒等，因此常是使环境水体着色的主要污染源。

水的颜色定义为：改变透射可见光光谱组成的光学性质，可区分为"表观颜色"和"真实颜色"。"真实颜色"指去除浊度后水的颜色。"表观颜色"是没有去除悬浮物的水所具有的颜色，包括了溶解性物质及不溶解的悬浮物所产生的颜色，测定未经过过滤或离心的原始水样的颜色，即表观颜色。

2.1.2.1 样品的采集与保存

要注意水样的代表性。所取水样应为无树叶、枯枝等漂浮杂物。将水样盛于清洁、无色的容积至少为 1L 的玻璃瓶内，尽快测定。否则应在约 4℃ 冷藏保存，

48h 内测定。在有些情况下要避免样品与空气接触，同时还要避免温度的变化。

2.1.2.2 方法原理

为说明工业废水的颜色种类，如深蓝色、棕黄色、暗黑色等，可用文字描述。为定量说明工业废水色度的大小，采用稀释倍数法表示色度。即将工业废水按一定的稀释倍数，用水稀释到接近无色时，记录稀释的倍数，以此表示该水样的色度，单位是度。

2.1.2.3 干扰及消除

如测定水样的"真实颜色"，应放置澄清取上清液，或用离心法去除悬浮物后测定；如测水样的"表观颜色"，待水样中的大颗粒悬浮物沉降后，取上清液测定。

2.1.2.4 使用仪器

50mL 具塞比色管，其标线高度要一致。

2.1.2.5 分析步骤

（1）取 100～150mL 澄清水样置于烧杯中，以白色瓷板为背景，观测并描述其颜色种类。

（2）分取澄清的水样，用水稀释成不同的倍数。分取 50mL 分别置于 50mL 比色管中，管底部衬一白瓷板，由上向下观察稀释后水样的颜色，并与蒸馏水相比较，直至刚好看不出颜色，记录此时的稀释倍数。

2.1.3 pH 值的测定

指标涵义：pH 值可间接地表示水的酸碱程度。天然水的 pH 值多在 6～9 范围内。pH 值测定是水化学中最重要、最经常的检验项目之一。其定义为：水中氢离子活度的负对数，即 $pH = -Log_{10}a_{H^+}$，水体的 pH 值受水体温度的影响而产生变化，测定时在规定的温度下进行或进行温度校正（pH 是从操作上定义的）。

通常采用玻璃电极法测定 pH 值。（比色法虽然简便，但受色度、浊度、胶体物质、氧化剂、还原剂及盐度的干扰）。玻璃电极法基本上不受以上因素的干扰。然而，pH 在 10 以上时，产生"钠差"，读数偏低，需选用特制的"低钠差"玻璃电极,或使用与水样的 pH 值相近的标准缓冲溶液对仪器进行校正。另外一种方法是便携式 pH 计法。

2.1.3.1 玻璃电极法

(1) 测定原理。

以玻璃电极为指示电极,饱和甘汞电极为参比电极组成电池。在 25℃ 理想条件下,氢离子活度变化 10 倍,使电动势偏移 59.16mV。许多 pH 计上有温度补偿装置,以便校正温度差异,用于常规水样监测可准确和再现至 0.1pH 单位。较精密的仪器可准确到 0.01pH。为了提高测定的准确度,校准仪器时选用的标准缓冲溶液的 pH 值应与水样的 pH 值接近。

(2) 方法使用范围。

测定水样为饮用水、地面水以及工业水 pH 值的测定; pH 值的适用范围为 4~9。当 pH>10 时,因有大量钠离子存在而使读数偏低,常称钠差。

(3) 使用仪器。

① 各种型号的 pH 计或离子活度计,常规检验使用的仪器,至少应当精确到 0.1pH 单位,pH 范围 0~14,如有特殊的需要,应使用精度更好的仪器。

② 玻璃电极。

③ 甘汞电极或银-氯化银电极。

④ 磁力搅拌器。

⑤ 50mL 烧杯,最好是聚乙烯烧杯。

(4) 所用试剂。

分析中,除非另作说明,均要求使用分析纯或优级纯试剂。

用于校准确仪器的标准缓冲溶液,按规定的数量称取试剂,溶于 25℃ 水中,在容量瓶内定容至 1000mL。水的电导率应低于 $2\mu S/cm$,临用前煮沸数分钟,赶除二氧化碳,冷却。取 50mL 冷却的水,加 1 滴饱和氯化钾溶液,如 pH 在 6~7 之间即可用于配制各种标准缓冲溶液。

配置标准溶液所使用的蒸馏水应符合下列要求:煮沸并冷却,电导率小于 $2\times10^6 S/cm$ 的蒸馏水,电导率的单位是西门子,用符号"S"表示,$1S=1\Omega$,其 pH 以 6.7~7.3 为宜。

测量 pH 值时，按水样呈酸性、中性和碱性三种可能，常配制三种以下标准缓冲溶液。

通常使用在 25℃下，pH=4.008、pH=6.865、pH=9.180 的三种标准缓冲溶液。

① pH=4.008：称取 10.12g 邻苯二甲酸氢钾（$KHC_8H_4O_4$）（G.R），定容至 1000mL。

② pH=6.865：将磷酸二氢钾和磷酸氢二钠在 110~130℃下烘 2h，冷却后，称取 3.388g 磷酸二氢钾（KH_2PO_4）（G.R）和 3.533g 磷酸氢二钠（Na_2HPO_4）（G.R）稀释于水中并定容至 1000mL。

③ pH=9.180：称取 3.80g 硼砂（$Na_2B_4O_7 \cdot 10H_2O$）定容至 1000mL。也可用 pH 标准缓冲溶液的固体试剂，按要求稀释配置。

（5）标准溶液和样品的保存。

标准溶液的保存：

① 要放在聚乙烯瓶或者硬质玻璃瓶中密闭保存。

② 室温条件下标准溶液一般以 1~2 个月为宜，当发现有浑浊、发霉或者有沉淀现象时，不能再继续使用。

③ 在 4℃冰箱内存放，且用过的标准溶液不准再回去，这样会延长使用期限。

样品的保存：

① 最好是在现场测定。

② 否则采样后把样品保存在 0~4℃，并在采样后 6h 内测定。

（6）分析步骤。

① 按照仪器使用说明书准备。

② 打开仪器，检查电极连接无误，预热 20min 以上。

③ 将水样与标准溶液调到同一温度，记录测定温度，把仪器温度补偿钮调至该温度处。

④ 选用与水样 pH 值相差不超过 2 个 pH 单位的标准溶液校准仪器。从第一个标准溶液中取出两个电极，彻底冲洗，并用滤纸吸干。再浸入第 2 个标准溶液

中，其中pH值约与前一个相差3个pH单位。如测定值与第二个标准溶液pH值之差大于0.1pH值时，就要检查仪器、电极或标准溶液是否有问题。当三者均无异常情况时方可测定水样。

⑤ 水样测定，先用水仔细冲洗两个电极，再用水样冲洗，然后将电极浸入水样中，小心搅拌或摇动使其均匀，待读数稳定后记录pH值。

(7) 结果表达、质量保证及实施。

科学的操作每一步骤，按规定标准出报告；质量保证贯穿监测工作的全部过程。

(8) 注意事项：

有关玻璃电极的注意事项如下：

① 玻璃电极在使用前应在蒸馏水中浸泡24h以上。用毕，冲洗干净，浸泡在水中。

② 玻璃球泡易破损，使用时要小心，玻璃电极的球泡应全部浸入溶液中，使它稍高于甘汞电极的陶瓷芯端，以免搅拌时碰破。

③ 玻璃电极的内电极与球泡之间以及甘汞电极的内电极与陶瓷之间不可存在气泡，以防断路，若发现有气泡，可用手指弹几下。

④ 甘汞电极的饱和氯化钾液面必须高于汞体，并应有适量氯化钾晶体存在，以保证氯化钾溶液的饱和。使用前必须先拔掉上孔胶塞，使盐桥溶液维持一定的流速渗漏，保持与待测溶液通路，不用时，应套好橡皮帽，以防蒸发和渗漏。

⑤ 注意防止甘汞电极的陶瓷砂芯的空隙被堵塞，应及时清洗。

⑥ 温度对pH值的测量是有影响的，因此样品的pH标准溶液的温度必须一致。

⑦ 为防止空气中二氧化碳溶入或水样中二氧化碳逸失，测定前不宜提前打开水样瓶塞。

⑧ 玻璃电极球泡受污染时，可用稀盐酸溶解无机盐结垢，用丙酮除去油污（但不能用无水乙醇）。按上述方法处理的电极应在水中浸泡一昼夜再使用。

⑨ 注意电极的出厂日期，存放时间过长的电极性能将变劣。

有关电极的使用维护及注意事项如下：

① 电极在测量前必须用已知 pH 值的标准缓冲溶液进行定位校准，为取得更正确的结果，已知的 pH 值要可靠，而且其 pH 值越接近被测值越好。

② 取下帽后要注意，在塑料保护栅内的敏感玻璃泡不与硬物接触，任何破损和擦毛都会使电极失效。

③ 测量完毕，不用时应将电极保护帽套上，帽内应放少量补充液，以保持电极球泡的湿润。

④ 复合电极的外参比补充液为 3 mL 氯化钾溶液，补充液可以从上端小孔加入。

⑤ 电极的引出端，必须保持清洁和干燥，绝对防止输出两端短路，否则将导至测量结果失准或失效。

⑥ 电极应与输入阻抗较高的酸度计配套，能使电极保持良好的特性。

⑦ 电极避免长期浸在蒸馏水中或蛋白质和酸性氟化物溶液中，并防止有机硅油脂接触。

⑧ 电极经长期使用后，如发现梯度略有降低，则可把电极下端浸泡在4% HF（氢氟酸）中 3~5s，用蒸馏水洗净，然后在氯化钾溶液中浸泡，使之复新。

⑨ 被测溶液中如含有易污染敏感球泡或堵塞液接界的物质，而使电极钝化，其现象是敏感梯度降低，或读数不准。如此，则应根据污染物质的性质，以适当溶液清洗，使之复新。

选用清洗剂时，使用能溶解聚碳酸树脂的清洗液，如四氯化碳、三氯乙烯、四氢呋喃等，会把聚碳酸树脂溶解，而使电极失效。

2.1.3.2 便携式 pH 计法

pH 值为水中氢离子活度的负对数，即 pH = $-\text{Log}10 a_{H^+}$。

pH 值是环境监测中常用和重要的检验项目之一，可间接表示水的酸碱程度。天然水的 pH 值一般为 6~9。

（1）方法原理。

pH 值常用复合电极法，方法原理如下。

以玻璃电极为指示电极，以 Ag/AgCl 等为参比电极合在一起组成 pH 复合电极。利用 pH 复合电极电动势随氢离子活度变化而发生偏移来测定水样的 pH 值。

复合电极 pH 计均有温度补偿装置，用以校正温度对电极的影响，用于常规水样监测可准确至 0.1pH 单位。较精密仪器可准确到 0.01pH 单位。为了提高测定的准确度，校准仪器时选用的标准缓冲溶液的 pH 值应与水样的 pH 值接近。

（2）仪器。

① 各种型号的便携式 pH 计。

② 50mL 烧杯，最好是聚乙烯或聚四氟乙烯烧杯。

（3）试剂。

用于配置标准缓冲溶液的水，与玻璃电极法相同。

（4）步骤。

① 按照仪器使用说明书进行准备。

② 将仪器温度补偿钮调至待测水样温度处，选用与水样 pH 值相差不超过 2 个 pH 单位的标准溶液校准仪器。从第一个标准溶液中取出电极，彻底冲洗，并用滤纸吸干。再浸入第 2 个标准溶液中，其中 pH 值约与第一个相差 3 个 pH 单位。如测定值与第二个标准溶液 pH 值之差大于 0.1pH 值时，就要检查仪器、电极或标准溶液是否有问题。当三者均无异常情况时方可测定水样。

③ 水样测定：先用蒸馏水仔细冲洗电极，再用水样冲洗，然后将电极浸入水样中，小心搅拌或摇动使其均匀，待读数稳定后记录 pH 值。

（5）注意事项。

① 由于不同复合电极构成各异，其浸泡方式会有所不同，有些电极要用蒸馏水浸泡，而有些则严禁用蒸馏水浸泡电极，须严格遵守操作手册，以免损伤电极。

② 测定时，复合电极（含球泡部分）应全部浸入溶液中。

③ 为防止空气中二氧化碳或水样中二氧化碳逸去，测定前不宜提前打开水样瓶塞。

④ 电极受污染时，可用低于 1mol/L 稀盐酸溶解无机盐垢，用稀洗涤剂（弱碱性）除去有机油脂类物质，稀乙醇、丙酮、乙醚除去树脂高分子物质，用酸性酶溶液（如食母生片）除去蛋白质血球沉淀物，用稀漂白液、过氧化氢除去颜料类物质等。

⑤ 注意电极的出厂日期及使用期限，存放或使用时间过长的电极性能将变劣。

2.1.4　103~105℃烘干的总不可滤残渣（悬浮物）

总不可滤残渣（悬浮物）：指不能通过孔径 0.45μm 滤膜的固体物。用 0.45μm 滤膜过滤水样，经 103~105℃ 烘干后得到不可滤残渣（悬浮物）含量。它包括不溶于水的泥砂、各种污染物、微生物及难溶无机物等。常用的滤器有滤纸、滤膜、石棉坩埚。由于它们的滤孔大小不一致，故报告结果时应注明。石棉坩埚通常用于过滤酸或碱浓度高的水样。

2.1.4.1　方法原理

许多江河由于水土流失使水中悬浮物大量增加。地表水中存在悬浮物使水体浑浊，降低透明度，影响水生生物的呼吸和代谢，甚至造成鱼类窒息死亡。悬浮物多时，还能造成河道阻塞。造纸、皮革、冲渣、选矿、湿法粉碎和喷淋除尘等工业操作中产生大量含无机、有机的悬浮物废水。因此，在水和废水处理中，测定悬浮物具有特定意义。

2.1.4.2　试剂

蒸馏水或同等纯度的水。

2.1.4.3　仪器

（1）全玻璃或有机玻璃微孔滤膜过滤器。

（2）滤膜：孔径 0.45μm、直径 45~60mm。

（3）吸滤瓶、真空泵。

（4）无齿扁嘴镊子。

（5）称量瓶：内径 30~50mm。

2.1.4.4　采样以及样品储存

（1）采样。

所用聚乙烯瓶或硬质玻璃瓶要用洗涤剂洗净。再依次用自来水和蒸馏水冲洗干净。在采样之前，再用即将采集的水样清洗三次。然后，采集具有代表性的水样 500~1000mL，盖严瓶塞。

(2) 样品储存。

采集的水样应尽快分析测定。如需放置，应储存在 4℃的冷藏箱内，但最长不超过 7d。

2.1.4.5 步骤

(1) 滤膜准备。

用扁嘴无齿镊子夹取滤膜放于事先恒重的称量瓶里，移入烘箱中于 103~105℃烘干 0.5h 后取出置于干燥器内冷却至室温，称其重量。反复烘干、冷却、称量，直至两次称量的重量差≤0.2mg。将恒重的滤膜正确地放在滤膜过滤器的滤膜托盘上，加盖配套的漏斗，并用夹子固定好。以蒸馏水湿润滤膜，并不断吸滤。

(2) 测定。

量取充分混合均匀的试样 100mL 抽吸过滤，使水分全部通过滤膜。再以每次 10mL 蒸馏水连续洗涤三次，继续洗滤以除去痕量水分。停止洗滤后，仔细取出载有悬浮物的滤膜放在原恒重的称量瓶里，移入烘箱中于 103~105℃下烘干 1h 后移入干燥器中，使冷却到室温，称其重量。反复烘干、冷却、称量，直至两次称量的重量差≤0.4mg 为止。

2.1.4.6 计算

悬浮物含量 C（mg/L）按下式计算：

$$C = \frac{(A - B) \times 10^6}{V}$$

式中　　C——水中悬浮物含量，mg/L；

A——悬浮物 + 滤膜 + 称量瓶重量，g；

B——滤膜 + 称量瓶重量，g；

V——试样体积，mL。

2.1.4.7 注意事项

(1) 漂浮或浸没的不均匀固体物质不属于悬浮物质，应从采集的水样中除去。

（2）储存水样时不能加入任何保护剂，以防止破坏物质在固、液相间的分配平衡。

（3）滤膜上截留过多的悬浮物可能夹带过多的水分，除延长干燥时间外，还可能造成过滤困难。遇此情况，可酌情少取试样。滤膜上悬浮物过少，则会增大称量误差，影响测定精度，必要时，可增大试样体积。一般以 5~100mg 悬浮物量作为量取试样体积的实用范围。

2.1.5 电导率

电导率：是指以数字表示溶液传导电流的能力。纯水的电导率很小，当水中含有无机酸、碱、盐或有机带电胶体时，电导率就增加。电导率常用于间接推测水中带电荷物质的总浓度。水溶液的电导率取决于带电荷物质的性质和浓度、溶液的温度和黏度等。

电导率的标准单位：是 S/m（西门子/米），一般实际使用单位为 μS/cm。

单位间的互换为：

$$1mS/m = 0.01mS/cm = 10 \ \mu S/cm$$

新蒸馏水电导率为 0.5~2 μS/cm，存放一段时间后，由于空气中的二氧化碳或氨的溶入，电导率可上升至 2~4 μS/m；饮用水电导率在 5~1500 μS/cm 之间；海水电导率大约为 30000 μS/cm；清洁河水电导率为 100 μS/cm。电导率随温度变化而变化，温度每升高 1℃，电导率增加约 2%，通常规定 25℃ 为测定电导率的标准温度。

电导率的测定方法电导率仪法，电导率仪有实验室内使用的仪器和现场测试仪器两种。而现场测试仪器通常可同时测量 pH、溶解氧、浊度、总盐度和电导率五个参数。

2.1.5.1 便携式电导率仪法

（1）适用范围电导率仪适用领域。

可广泛应用于火电、化工化肥、冶金、环保、制药、生化、食品和自来水等溶液中电导率值的连续监测。因而我们要掌握基本的使用方法。

(2) 测定原理。

由于电导是电阻的倒数,因此,当两个电极插入溶液中,可以测出两电极间的电阻 R,根据欧姆定律,温度一定时,这个电阻值与电极的间距 L(cm)成正比,与电极的截面积 A(cm^2)成反比。即 $R=\rho L/A$。

由于电极面积 A 和间距 L 都是固定不变的,故 L/A 是一常数,称电导率常数(以 Q 表示)。

比例常数 ρ 称作电阻率。其倒数 $1/\rho$ 称为电导率,以 K 表示。

$$S = 1/R = 1/\rho Q$$

式中,S 为电导度,反映导电能力的强弱。所以,$K=QS$ 或 $K=Q/R$;当已知电导池常数并测出电阻后,即可求出电导率。

(3) 干扰及消除。

水样中含有粗大悬浮物物质、油和脂等干扰测定,可先测水样,再测校准溶液,以了解干扰情况。若有干扰,应经过滤或萃取除去。

(4) 使用仪器和试剂。

① 测量仪器为各种型号的便携式电导率仪。

② 纯水:将蒸馏水通过离子交换柱制得,电导率小于 10μS/cm。

③ 仪器配套的校准溶液。

(5) 水样测定。

注意阅读便携式电导率仪的使用说明。一般测量操作步骤如下。

① 在烧杯内倒入足够的电导率校准溶液,使校准溶液浸入电极上的小孔。

② 将电极和温度计同时放入溶液内,电极触底确保排除电极套内的气泡,几分钟温度达到平衡。

③ 记录测出的校准液的温度。

④ 按 ON/OFF 键打开电导率仪。

⑤ 按 COND/TEMP 显示温度,调整温度旋钮,直到显示记录的校准液温度值。

⑥ 再按 COND/TEMP 显示电导率测量档,选择适当的测量范围。注意:如果仪器显示超出范围,需要选择下一个测量档。

⑦用小螺丝刀调整仪器旁边的校准钮直到显示校准溶液温度时的电导率值。随后所有测量都补偿在该温度下。如果想使温度补偿到20℃，将温度旋钮固定在20℃（如果水样温度是20℃），调整旋钮显示20℃时的电导率值，随后所有测量都补偿在20℃。

⑧仪器校准完成后即可开始测量，测量完毕关闭仪器，清洗电极。

（6）注意事项。

①电导率仪开机时，电源线插入仪器电源插座，电导率仪器必须有良好接地，然后按电源开关，接通电源，预热30min后，然后进行校准。

②仪器使用前必须进行校准。将"选择"开关量程选择开关旋钮指向"检查"，"常数"补偿调节旋钮指向"1"刻度线，

"温度"补偿调节旋钮指向"25"刻度线，调节"校准"调节旋钮，使仪器显示$100.0\mu S/cm$，至此校准完毕。

③在测量纯水或超纯水时，为了避免测量值的漂移现象，建议采用密封槽进行密封状态下的流动测量，如果采用烧杯取样，测量会产生较大的误差；最好使用塑料容器盛装待测的水样。

④电极插头座绝对防止受潮，仪表应安置于干燥环境，避免因水滴溅射或受潮引起仪表漏电或测量误差。

⑤测量电极是精密部件，不可分解，不可改变电极形状和尺寸，且不可用强酸、碱清洗，以免改变电极常数而影响仪表测量的准确性。

⑥为确保测量精度，电极使用前应用小于$0.5\mu S/cm$的蒸馏水（或去离子水）冲洗二次（铂黑电极干放一段时间后，在使用前须在蒸馏水中浸泡一会儿），然后用被测试样冲洗三次方可测量。

⑦将电极插入水样中时，注意电极上的小孔必须浸泡在水面以下。

⑧电极应定期进行常数标定；仪器必须保证每月校准一次，更换电极或电池时也需要校准。

2.2 无机阴离子监测

2.2.1 硫化物-对氨基二甲基苯胺光度法（亚甲基蓝法）

2.2.1.1 硫化物简介

地下水及生活污水，通常含有硫化物，其中一部分是在厌氧情况下，由于细菌的作用，使硫酸盐还原或由含硫有机物的分解而产生的。有些工矿企业，如焦化、造气、选矿、造纸、印染和制革等工业废水也含有硫化物。

水中硫化物包括溶解性的 H_2S、HS^- 和 S^{2-}，存在于悬浮物中的可溶性硫化物、酸可溶性的金属硫化物以及未电离的有机、无机类硫化物。硫化氢易从水中逸散于空气，产生臭味，且毒性很大。它可与人体内细胞色素、氧化酶及该类物质中的二硫键（-S-S-）作用，影响细胞氧化过程，造成细胞组织缺氧，危及人的生命。硫化氢除自身能腐蚀金属外，还可被污水中的微生物氧化成硫酸，进而腐蚀下水道等。因此，硫化物是水体污染的一项重要指标。

2.2.1.2 水样的保存

由于硫离子很容易氧化，硫化氢易从水中逸出。因此，在采集时应防止曝气，并加入一定量的乙酸锌溶液和适量的氢氧化钠溶液，使呈碱性并生成硫化锌沉淀。通常 1L 的水样中加入 2mol/L（1/2 $ZnAc_2$）的乙酸锌溶液 2mL，硫化物含量高时，可酌情多加直到沉淀完全为止。水样充满瓶后立即密塞保存，在一周内完成分析测定。

2.2.1.3 本方法适用范围

本标准适用于地面水、地下水、生活污水和工业废水中硫化物的测定。

试料体积为 100mL，使用光程为 1cm 的比色皿时，方法的检出限为 0.005mg/L，测定上限为 0.700mg/L，对硫化物含量较高的水样，可适当减少取样量或将样品稀释后测定。亚硫酸盐、硫代硫酸盐超过 10mg/L 时，将影响测定。必要时，增加硫酸铁胺用量，则其允许量可达 40mg/L。亚硝酸盐达 0.5mg/L 时，产生干扰。其他氧化剂或还原剂也可影响显色反应。亚铁氰化物可生成蓝色,产生正干扰。

2.2.1.4 定义

硫化物:指水中溶解性无机硫化物和酸溶性金属硫化物,包括溶解性的 H_2S、HS^-、S^{2-},以及存在于悬浮物中的可溶性硫化物和酸可溶性金属硫化物。

2.2.1.5 测定原理

样品经酸化,硫化物转化成硫化氢,用氮气将硫化氢吹出,转移到盛乙酸锌 - 乙酸钠溶液的吸收显色管中,与 N,N - 二甲基对苯二胺和硫酸亚铁铵反应生成蓝色的络合物亚甲基蓝,颜色深度与水中的硫离子浓度成正比,在 665nm 波长处测定。

2.2.1.6 仪器

(1) 721 分光光度计,10mm 比色皿;

(2) 100mL 比色管。

2.2.1.7 试剂

除非另有说明,分析时均使用符合国家标准的分析纯试剂和去离子除氧水。

(1) 去离子除氧水:将蒸馏水通过离子交换柱制得去离子水,通入氮气至饱和(200~300mL/min 的速度通氮气约 20min),以除去水中溶解氧。制得的去离子除氧水应立即盖严,并存放于玻璃瓶内。

(2) 氮气:纯度 >99.99%。

(3) 硫酸(H_2SO_4):ρ = 1.84g/mL。

(4) 磷酸(H_3PO_4):ρ = 1.69g/mL。

(5) N,N - 二甲基对苯二胺(对氨基二甲基苯胺)溶液:称取 2g N,N - 二甲基对苯二胺盐[$NH_2C_6H_{64}N(CH_3)_2 \cdot 2HCl$]溶于 200mL 水中,缓缓地加入 200mL 浓硫酸,冷却后用水稀释至 1000mL,摇匀。此溶液室温下贮存于密闭的棕色瓶内,可稳定三个月。

(6) 硫酸铁铵溶液:称取 25g 硫酸铁铵[$Fe(NH_4)_2(SO_4)_2 \cdot 12H_2O$]溶于含有 5mL 浓硫酸的水中,用水稀释至 250mL,摇匀。溶液如出现不溶物或浑浊，应过滤后使用。

（7）磷酸溶液：1+1。

（8）抗氧化剂溶液：称取 2g 抗坏血酸（$C_6H_8O_6$），再称取 0.1g 乙二胺四乙酸二钠，分子式为（EDTA，$C_{10}H_{14}O_8N_2Na_2·2H_2O$）和 0.5g 氢氧化钠（NaOH）溶于 100mL 水中，摇匀，并储存在棕色瓶内。本溶液应在使用当天配制。

（9）乙酸锌-乙酸钠溶液：称取 50g 乙酸锌（$ZnAc_2·2H_2O$）和 12.5g 乙酸钠（$ZaAc_2·3H_2O$）溶于 1000mL 水中，摇匀。

（10）硫酸溶液：1+5。

（11）氢氧化钠溶液：4g/100mL：称取 4g 氢氧化钠（NaOH）溶于 100mL 水中，摇匀。

（12）淀粉溶液：1g/100mL：称取 1g 可溶性淀粉，用少量水调和成糊状，慢慢倒入 10mL 沸水，继续煮沸至溶液澄清，冷却后储存于试剂瓶中，临用现配。

（13）碘标准溶液：$C(1/2I_2)=0.10 \text{mol/L}$：准确称取 6.345g 碘（$I_2$）于烧杯中，加入 20g 碘化钾（KI）和 10mL 水，搅拌至完全溶解，用水稀释至 500mL，摇匀并储存于棕色瓶中。

（14）重铬酸钾标准溶液：$C(1/6K_2Cr_2O_7)=0.1000 \text{mol/L}$：准确称取 4.9030g 重铬酸钾（$K_2Cr_2O_7$ 优级纯，经 110℃ 干燥 2h 后溶于水，移入 1000mL 容量瓶，用水稀至标线，摇匀。

（15）硫代硫酸钠标准溶液：$C(Na_2S_2O_3)=0.1\text{mol/L}$：称取 24.8g 硫代硫酸钠（$Na_2S_2O_3·5H_2O$）溶于水，加 1g 无水碳酸钠（$Na_2CO_3$），移入 1000mL 棕色容量瓶，用水稀释至标线，摇匀。放置一周后标定其准确浓度。溶液如呈现浑浊，必须过滤。

标定方法：在 250mL 碘量瓶中，加 1g 碘化钾（KI）和 50mL 水，加 15.00mL 重铬酸钾标准溶液，振摇至完全溶解后，加 5mL 硫酸溶液，立即密塞摇匀。于暗处放置 5min 后，用待标定的硫代硫酸钠标准溶液滴至溶液呈淡黄色时，加 1mL 淀粉溶液，继续滴定至蓝色刚好消失为终点。记录硫代硫酸钠标准溶液的用量，同时作空白滴定。

硫代硫酸钠标准溶液的准确浓度 $C(Na_2S_2O_3)$（mol/L）按下式计算：

$$C(Na_2S_2O_3) = \frac{0.1000 \times 15.00}{V_1 - V_2}$$

式中　V_1——滴定重铬酸钾标准溶液消耗硫代硫酸钠标准溶液的体积，mL；

V_2——滴定空白溶液消耗硫代硫酸钠标准溶液的体积，mL。

(16) 硫化钠标准溶液：取一定量结晶状硫化钠（$Na_2S \cdot 9H_2O$）于布氏漏斗小烧杯中，用水淋洗除去表面杂质，用干滤纸吸去水分，称取约 0.75g 溶于少量水，移入 100mL 棕色容量瓶，用水稀至标线，摇匀后标定其准确浓度。每次配制硫化钠标准使用液之前，均应标定硫化钠标准溶液的浓度。

标定方法：在 250mL 碘量瓶中，加 10mL 乙酸锌－乙酸钠溶液 10.00mL 待标定的硫化钠标准溶液和 20.00mL 碘标准溶液，用水稀释至约 60mL，加 5mL 硫酸溶液，立即密塞摇匀。于暗处放置 5min 后，用硫代硫酸钠标准溶液滴定至溶液呈淡黄色时，加 1mL 淀粉溶液，继续滴定至蓝色刚好消失为终点。记录硫代硫酸钠标准溶液的用量，同时以 10mL 水代替硫化钠标准溶液，作空白滴定。

硫化钠标准溶液中物的含量按下式计算：

$$硫化物（mg/mL） = \frac{(V_0 - V_1) \times C(N_2S_2O_3) \times 16.03}{10.00}$$

式中　V_1——滴定硫化钠标准溶液，消耗硫代硫酸钠标准溶液的体积，mL；

V_2——滴定空白溶液，消耗硫代硫酸钠标准溶液的体积，mL；

$C(Na_2S_2O_3)$——硫代硫酸钠标准溶液的浓度，mol/L；

16.03——硫化物（$1/2\ S^{2-}$）的摩尔质量。

(17) 硫化钠标准使用液：以新配制的氢氧化钠溶液调节去离子除氧水 pH = 10~12 后，取约 400mL 水于 500mL 棕色容量瓶内，加 1~2mL 乙酸锌－乙酸钠浓度，混匀。吸取一定量刚标定过的硫化钠标准溶液，移入上述棕色瓶，注意边振荡边成滴状加入，然后加已调 pH = 10~12 的水稀释至标线，充分摇匀，使之成均匀含硫离子（S^{2-}）浓度为 10.00μg/mL 的硫化锌混悬液。本标准使用液在室温下保存可稳定半年。每次使用时，应在充分摇匀后取用。

2.2.1.8　分析步骤

(1) 校准曲线的绘制。

取九支100mL具塞比色管，各加20mL乙酸锌-乙酸钠溶液，分别取0.00mL、0.50mL、1.00mL、2.00mL、3.00mL、4.00mL、5.00mL、6.00mL和7.00mL硫化钠标准使用溶液移入各比色管，加水至约60mL，沿比色管壁缓慢加入10mL N，N-二甲基对苯二胺溶液，立即密塞并缓慢倒转一次，加1mL硫酸亚铁溶液，立即密塞并充分摇匀。放置10min后，用水稀释至标线，摇匀。使用1cm比色皿，以水作参比，在波长为665nm处测量吸光度，同时作空白试验。

以测定的各标准溶液扣除空白试验的吸光度为纵坐标，对应的标准溶液中硫离子的含量（μg）为横坐标绘制校准曲线。

（2）样品测定沉淀分离法。

对于无色、透明、不含悬浮物的清洁水样，采用沉淀分离法测定。取一定体积现场采集并固定的水样于分液漏斗中（样品应确保硫化物沉淀完全，取样时应充分摇匀），静置，待沉淀与溶液分层后将沉淀部分放入100mL具塞比色管，加水至约60mL，按照有关步骤进行测定。测定的吸光度值扣除空白试验的吸光度，在校准曲线上查出硫化物的含量。

（3）空白试验。

以水代替水样试料，进行空白试验，并加入与测定时相同体积的试剂。

2.2.1.9 结果计算

硫化物的含量 C（mg/L）按下式计算：

$$C = \frac{m}{V}$$

式中　　m——由校准曲线上查得的试料中含硫化物量，μg；

　　　　V——试料体积，mL。

2.2.2 硫酸盐（水质）铬酸钡光度法

硫酸盐在自然界分布很广泛，天然水中硫酸盐的浓度可从几毫克/升至数千毫克/升。地表水和地下水中硫酸盐主要来源于岩石土壤中矿物组分的风化和淋溶，金属硫化物氧化也会使硫酸盐含量增大。

水中少量硫酸盐对人体健康无影响，但超过250mg/L时有致泄作用，饮用水中硫酸盐的含量不应超过 250mg/L。

2.2.2.1 样品保存

当存在有机物时，某些细菌可以将硫酸盐还原成硫化物。因此，对于严重污染的水样应在 4℃低温保存，防止菌类增殖。

2.2.2.2 方法原理

在酸性溶液中，铬酸钡与硫酸盐生成硫酸钡沉淀，并释放出铬酸根离子。溶液中和后多余的铬酸钡及生成的硫酸钡仍是沉淀状态，经过滤除去沉淀。在碱性条件下，铬酸根离子呈现黄色，测定其吸收光度可知硫酸盐的含量。

2.2.2.3 干扰及消除

水样中碳酸根也与钡离子形成沉淀。在加入铬酸钡之前，将样品酸化并加热以除去碳酸盐。

2.2.2.4 方法适用范围

适用于测定硫酸盐含量较低的清洁水样。经取 13 个河、湖水样品进行检验，测定浓度范围 8 ~ 85mg/L；相对标准偏差 0.15% ~ 7%；加标回收率 97.9% ~ 106.8%。

2.2.2.5 仪器

（1）比色管：50mL。

（2）锥形瓶：250mL。

（3）加热及过滤装置。

（4）721 分光光度计。

2.2.2.6 试剂

（1）铬酸钡悬浮液：称取 19.44g 铬酸钾（K_2CrO_4）与 24.44g 氯化钡（$BaCl_2 \cdot 2H_2O$），分别溶于 1L 蒸馏水中，加热至沸腾。将两溶液倾入同一个 3L 烧杯内，此时生成黄色铬酸钡沉淀。待沉淀下降后，倾出上层清夜，然后每次用约 1L 蒸馏水洗涤沉淀，共需要洗涤 5 次左右。最后加蒸馏水至 1L，使成悬浊液，每次使用前混匀。每 5mL 铬酸钡悬浊液可以沉淀约 48mg 硫酸根（SO_4^{2-}）。

(2)（1+1）氨水。

(3) 2.5mol/L 盐酸溶液。

(4) 铬酸盐标准溶液：称取 1.4786g 优级纯无水硫酸钠（Na_2SO_4）或 1.8141g 无水硫酸钾（K_2SO_4）溶于少量水，置于 1000mL 容量瓶中，稀释到标线。此溶液 1.00mL 含 1.00mg 硫酸根（SO_4^{2-}）。

2.2.2.7 步骤

(1) 分取 50mL 水样，置于 250mL 锥形瓶中。

(2) 另取 250mL 锥形瓶 8 个，分别加入 0mL、0.25mL、1.00mL、2.00mL、4.00mL、6.00mL、8.00mL 及 10.00mL 硫酸根标准溶液，加蒸馏水到 50mL。

(3) 向水样及标准溶液中各加 1mL 的 2.5mol/L 盐酸溶液，加热煮沸 5min 左右。取下后再各加 2.5mL 铬酸钡悬浊液，再继续煮沸 5min 左右。

(4) 取下锥形瓶，稍冷后，向各瓶逐滴加入（1+1）氨水至呈柠檬黄色，再多加 2 滴。

(5) 待溶液冷却后，用慢速定性滤纸过滤，滤液收集在 50mL 比色管中，用蒸馏水稀释到标线。

(6) 在 420nm 波长，用 10mm 的比色皿测量吸光度，绘制较准曲线。

2.2.2.8 计算

$$硫酸盐（SO_4^{2-}, mg/L） = \frac{m}{V} \times 1000$$

式中　M——由较准曲线查得的 SO_4^{2-} 量，mg；

　　　V——取水样体积，mL。

2.2.3 降雨硫酸盐（大气）

可使用铬酸钡-二苯碳酰二肼光度法。

2.2.3.1 原理

在弱酸性溶液中，硫酸根与铬酸钡悬浮液发生下述交换反应：

$$SO_4^{2-} + BaCrO_4 \rightarrow BaSO_4 \downarrow + CrO_4^{2-}$$

在乙醇－氨溶液介质中，分离除去过量的铬酸钡。交换释放出的 CrO_4^{2-} 用二苯碳酰二肼显色，于波长 545nm 处测定吸光度，间接确定 SO_4^{2-} 浓度。

2.2.3.2 试剂

（1）硫酸盐标准贮备液：1000μg/mL。称取 1.8140g 硫酸钾（105℃烘干 2h），溶于水，定容到 1000mL。

（2）硫酸盐标准使用液：10μg/mL。吸取硫酸盐标准贮备液 5.00mL 于 500mL 容量瓶中，用水稀释到刻度。

（3）铬酸钡的制备：称取 5g 氯化钡、3g 重铬酸钾，分别溶解在 50mL 水中，混匀，加入 16.7mL 盐酸，加水到 500mL，加热（70～80℃）使之溶解，加 3 滴 0.1％溴百酚蓝，用 6mol/L 氨水中和至溶液为蓝色，析出沉淀。用温水倾洗沉淀 2～3 次，再用冷水充分洗涤，经滤膜过滤，沉淀在 105℃ 干燥 2h，研细备用。

（4）铬酸钡悬浮液：称取 0.5g 精制的铬酸钡于 200mL 含有 0.42mL 盐酸和 14.7mL 冰乙酸的水中，得悬浮液。贮存于聚乙烯瓶中，用前充分地摇匀。

（5）氨水溶液：6mol/L。吸取 45mL 浓氨水用水稀释到 100mL。

（6）氨－氯化钙溶液：称取 1.10g 氯化钙，用少量稀盐酸溶解，加 6mol/L 氨水溶液至 400mL。

（7）盐酸溶液：2mol/L。吸取 16.8mL 浓盐酸用水稀释到 100mL。

（8）二苯碳酰二肼溶液：5g/L。称取 0.5g 二苯碳酰二肼溶于 100mL 乙醇中，加 1mL 盐酸溶液作为稳定剂，于冷暗处保存。

2.2.3.3 仪器

（1）721 分光光度计。

（2）过滤装置。

2.2.3.4 步骤

（1）校准曲线的绘制。

取 25mL 比色管 7 支，分别加入硫酸盐标准使用液 0mL、0.50mL、1.00mL、2.00mL、4.00mL、6.00mL、10.00mL，分别加水至 10.0mL，再加入 2.0mL 铬酸

钡悬浮液，1.0mL 氨中—氯化钙溶液，10mL95% 乙醇（每加一种试剂均需摇匀）），加水到刻度，摇匀。其中，SO_4^{2-} 含量分别为：5.0mL、10.0mL、20.0mL、40.0mL、60.0mL、100.0μg。置于冷水（15℃）冷却 10min 取出，经滤膜过滤于干燥比色管中，吸取 5.00mL 滤液于 10mL 比色管中，加入二苯碳酰二肼溶液 1.0mL，盐酸溶液 1.0mL，加水到刻度，摇匀。10min 后于 545nm 波长，用 10mm 吸收池，以空白实验溶液作参比，测量吸光度。以吸光度对硫酸盐含量作图，绘制校准曲线。

滤膜上的铬酸钡毒性大，应留作专门处理，防止对环境造成污染。

（2）样品的测定。

根据降水中硫酸盐的含量，吸取 1.00～10.00mL 样品于 25mL 比色管中，按绘制校准曲线的步骤进行测定，由测得的吸光度从校准曲线上查得硫酸盐的含量。

（3）分析结果表述。

降水中硫酸盐（按 SO_4^{2-} 计）浓度以 mg/L 表示，按式计算：

$$C = \frac{M}{V}$$

式中　　C——样品中硫酸盐的浓度，mg/L；

M——从校准曲线上查得硫酸盐含量，μg；

V——取样体积，mL。

2.2.4　氯化物－硝酸银滴定法

氯化物（Cl^-）是水和废水中一种常见的无机阴离子。几乎所有的天然气水中都有氯离子的存在，它的含量范围变化很大。在河流、湖泊、沼泽地区，氯离子的含量一般较低，而在海水、盐湖及某些地下水，含量可高达数十克/升。在人类的生存活动中，氯化物有很重要的生理作用及工业用途。正因为如此，在生活污水和工业废水中，均含有相当数量的氯离子。

若饮用水中氯离子的含量达到 250mg/L，相应的钠离子为钠时，会感觉到咸味；水中氯化物含量高时，会损坏金属管道和构筑物，并妨碍植物的生长。

2.2.4.1 样品保存

采集代表性水样,置于玻璃瓶或聚乙烯瓶内。存放时不必加入特别的保存剂或腐蚀剂。

2.2.4.2 方法原理

在中性或弱酸性溶液中（pH6.5~10.5）,以铬酸钾为指示剂,用硝酸银滴定氯化物时,由于氯化银的溶解度小于铬酸银的溶解度,氯离子首先被完全沉淀后,铬酸根才以铬酸银形式沉淀出来,产生砖红色物质,指示氯离子滴定的终点。沉淀滴定反应如下：

$$Ag^+ + Cl^- \rightarrow AgCl \downarrow$$

$$2Ag^+ + CrO_4^{2-} \rightarrow Ag_2CrO_4 \downarrow$$

铬酸根离子的浓度与沉淀形成的快慢有关,必须加入足量的指示剂。且由于有稍过量的硝酸银与铬酸钾形成铬酸银沉淀的终点较难判断,所以需要以蒸馏水作空白滴定,以作对照判断（使终点色调一致）。

2.2.4.3 干扰及消除

饮用水中含有的各种物质在通常的情况下,不产生干扰。溴化物、碘化物和氰化物均能起与氯化物相同的反应。

硫化物、硫代硫酸盐和亚硫酸盐干扰测定,可用过氧化氢处理予以消除。正磷酸盐含量超过25mg/L时发生干扰；铁含量超过10mg/L时使终点模糊,可用对苯二酚还原成亚铁消除干扰；少量有机物的干扰可用高锰酸钾处理消除。

废水中有机物含量高或色度大,难以辨别滴定终点时,采用加入氢氧化铝进行沉降过滤法去除干扰。

2.2.4.4 适用范围

本法适用于天然水中氯化物的测定,也适用于经过适当稀释的高矿化废水（咸水、海水等）及经过各种预处理的生活污水和工业废水。

适用的浓度范围为10~500mg/L。高于此范围的样品,经稀释后可以扩大其适用范围。低于10mg/L的样品,滴定终点不易掌握,建议采用离子色谱法。

2.2.4.5 仪器

(1) 锥形瓶：150mL。

(2) 棕色酸式滴定管：50mL。

(3) 吸管：50mL、25mL。

2.2.4.6 试剂

(1) 氯化钠标准溶液（NaCl = 0.0141mol/L）：将基准试剂氯化钠置于坩埚内，在500~600℃加热40~50min。冷却后称取8.2400g溶于蒸馏水，置1000mL容量瓶中，用水稀释到标线。吸取10.00mL，用水定容到100mL，此溶液每毫升含0.500mg氯化物（Cl^-）。

(2) 硝酸银标准溶液（$AgNO_3 \approx 0.0141$mol/L）：称取2.395g硝酸银，溶于蒸馏水并稀释至1000mL，储存于棕色瓶中。用氯化钠标准溶液标定其准确浓度，步骤如下：吸取25.0mL氯化钠标准溶液置锥形瓶中，加水25mL。另取一锥形瓶，取50mL水作为空白。各加入1mL铬酸钾指示剂，在不断摇动下用硝酸银标准溶液滴定，至砖红色沉淀刚刚出现。

(3) 铬酸钾指示剂：称取5g铬酸钾溶于少量水中，滴加上述硝酸银至有红色沉淀生成，摇匀。静止12h，然后过滤并用水将滤液稀释至100mL。

(4) 酚酞指示剂：称取0.5g酚酞，溶于50mL 95%乙醇中，加入50mL水，再滴加0.05mol/L氢氧化钠溶液使溶液呈微红色。

(5) 硫酸溶液（$1/2H_2SO_4$）：0.05mol/L。

(6) 0.2%氢氧化钠溶液：称取0.2g氢氧化钠，溶于水中并稀释至100mL。

(7) 氢氧化铝悬浮液：溶解125硫酸铝钾（$KA_1(SO_4)_2 \cdot 12H_2O$）于1L蒸馏水中，加热至60℃，然后边搅拌边缓慢加入55mL氨水。放置约1h后，移至一个大瓶中，用倾泻法反复洗涤沉淀物，直到洗涤液不含氯离子为止。加水至悬浮液体积为1L。

(8) 30%过氧化氢（H_2O_2）。

(9) 高锰酸钾。

(10) 95%乙醇。

2.2.4.7 步骤

（1）样品处理

若无以下各种干扰，此预处理步骤可省去。

① 水样带有颜色，则取 150mL 水样，置于 250mL 锥形瓶内，或取适当的水样稀释到 150mL，加入 2mL 氢氧化铝悬浮液，震荡过滤，弃去最初的 20mL 滤液。

② 水样有机物含量高或色度大，用法不能消除其影响时，可采用蒸干后灰化法预处理。取适量废水样于坩埚内，调节 pH 至 8~9，在水浴上蒸干，置于马弗炉中在 600℃ 灼烧 1h。取出冷却后，加 10mL 水使之溶解，移入锥形瓶中，调节 pH 至 7 左右，稀释至 50mL。

③ 水样中含有硫化物、亚硫酸盐或硫代硫酸盐，则加氢氧化钠溶液将水调节至中性或弱碱性，加入 1mL 30% 过氧化氢，摇匀。1min 后，加热至 70~80℃，以除去过量的过氧化氢。

④ 水样的高锰酸盐指数超过 15mg/L，可加入少量高锰酸钾晶体，煮沸。加入数滴乙醇，以除去多余的高锰酸钾，再进行过滤。

（2）样品的测定

① 取 50mL 水样或经过处理的水样（若氯化物含量高，可取适量的水样稀释至 50mL）置于锥形瓶中；另取一锥形瓶加入 50mL 水作为空白。

② 如水样的 pH 值在 6.5~10.5 范围时，可直接滴定。超出此范围的水样应以酚酞作指示剂，用 0.05mol/L 硫酸溶液或 0.2% 氢氧化钠溶液调节 pH 为 8.0 左右。

③ 加入 1mL 铬酸钾溶液，用硝酸银标准溶液滴定至砖红色沉淀刚刚出现即为终点。同时作空白滴定。

2.2.4.8 计算

$$氯化物（Cl^-，mg/L）= \frac{(V_2 - V_1) \cdot M \times 35.45 \times 1000}{V}$$

式中　V_1——蒸馏水消耗硝酸银标准溶液体积，mL；

　　　V_2——水样消耗硝酸银标准溶液体积，mL；

M——硝酸银标准溶液浓度，mol/L；

V——水样体积，mL；

35.45——氯离子（Cl^-）摩尔质量，g/mol。

2.2.4.9 注意事项

（1）本法滴定不能在酸性溶液中进行，也不能在强碱性介质中进行。

（2）铬酸钾溶液的浓度影响终点到达的迟早。在 50~100mL 被滴定溶液中加入 5% 铬酸钾溶液 1mL，CrO_4^{2-} 为（2.6~5.2）×10^{-3}mol/L。在滴定终点时，硝酸银加入量略过终点，误差不超过 0.1%，可用空白测定消除。

2.3 有机污染综合指标监测

2.3.1 水质-溶解氧的测定——碘量法

2.3.1.1 方法原理

在样品中溶解氧与刚刚沉淀的二价氢氧化锰（将氢氧化钠或氢氧化钾加入到二价硫酸锰中制得）反应。酸化后，生成的高价锰化合物将碘化物氧化游离出等当量的碘，用硫代硫酸钠滴定法，测定游离碘量。

2.3.1.2 适用范围

碘量法是测定水中溶解氧的基准方法。在没有干扰的情况下，此方法适用于各种溶解氧浓度大于 0.2mg/L 和小于氧的饱和浓度两倍（约 20mg/L）的水样。易氧化的有机物，如丹宁酸、腐植酸和木质素等会对测定产生干扰。可氧化的硫的化合物，如硫化物硫脲，也如同易于消耗氧的呼吸系统那样产生干扰。当含有这类物质时，宜采用电化学探头法。

亚硝酸盐浓度不高于 15mg/L 时不会产生干扰，因为它们会被加入的叠氮化钠破坏。

2.3.1.3 仪器

250~300mL 溶解氧瓶。

2.3.1.4 试剂

分析中仅使用分析纯试剂、蒸馏水或纯度与之相当的水。

(1) 硫酸溶液：

把 500mL 浓硫酸（$\rho=1.84\text{g/mL}$）在不停搅动下加入到 500mL 水中。

(2) 硫酸溶液：$C(1/2H_2SO_4)=2\text{mol/L}$。

(3) 碱性碘化钾 – 叠氮化物试剂。

将 35g 的氢氧化物（NaOH）和 30g 碘化钾（KI）溶解在大约 50mL 水中。单独将 1g 的叠氮化钠（NaN$_3$）溶于几毫升水中。将上述二种溶液混合并稀释至 100mL。溶液储存在塞紧的细口棕色瓶子里。经稀释和酸化后，在有指示剂存在下，本试剂应无色。

(4) 无水二价硫酸锰溶液：340g/L（或一水硫酸锰 380g/L 溶液）。可用 450g/L 四水二价氯化锰溶液代替。过滤不澄清的溶液。

(5) 碘酸钾：$C(1/6KIO_3)=10\text{mmol/L}$ 标准溶液。

在 180℃ 干燥数克碘酸钾（KIO$_3$），称量 $3.567\pm0.003\text{g}$ 溶解在水中并稀释到 1000mL。

将上述溶液吸取 100mL 移入 1000mL 容量瓶中，用水稀释至标线。

(6) 硫代硫酸钠标准滴定液：$C(Na_2S_2O_3)\approx10\text{mmol/L}$。

① 配制。将 2.5g 五水硫代硫酸钠溶解于新煮沸并冷却的水中，再加 0.4g 的氢氧化钠（NaOH），并稀释至 1000mL。溶液储存于深色玻璃瓶中。

② 标定。在锥形瓶中用 100～500mL 的水溶解约 0.5g 的碘化钾或碘化钠（KI 或 NaI），加入 5mL 2mol/L 的硫酸溶液，混合均匀，加 20.00mL 标准碘酸钾溶液，稀释至约 200mL，立即用硫代硫酸钠溶液滴定释放出的碘，当接近滴定终点时，溶液呈浅黄色，加淀粉指示剂 1mL，再滴定至完全无色。

硫代硫酸钠（C, mmol/L）由下式求出：

$$C=\frac{6\times20\times1.66}{V}$$

式中 V——硫代硫酸钠溶液滴定量。

每日标定一次溶液。

(7)淀粉：新配制 10g/L 溶液。

2.3.1.5　方法步骤

(1)溶解氧的固定。

用吸管插入溶解氧瓶的液面下，加入 1mL 硫酸锰溶液、2mL 碱性碘化钾溶液，盖好瓶塞，颠倒混合数次，静置。待棕色沉淀物降至瓶内一半时，再颠倒混合一次，待沉淀物下降到瓶底。一般在取样现场固定。

(2)析出碘。

轻轻打开瓶塞，立即用吸管插入液面下加入 2.0mL 硫酸。小心盖好瓶塞，颠倒混合摇匀至沉淀物全部溶解为止，放置暗处 5min。

(3)滴定。

移取 100.0mL 上述溶液于 250mL 锥形瓶中，用硫代硫酸钠溶液滴定至呈淡黄色，加入 1mL 淀粉溶液，继续滴定至蓝色刚好褪去为止，记录硫代硫酸钠溶液用量。

2.3.1.6　计算

溶解氧 C_1（mg/L）由下式求出：

$$C_1 = \frac{MrV_2cf_1}{4V_1}$$

式中　Mr——氧的相对分子质量，$Mr = 32$；

V_1——滴定时样品的体积，mL，一般取 $V_1 = 100$ mL；若滴定细口瓶内试样，则 $V_1 = V_0$；

V_2——滴定样品时所耗去硫代硫酸钠溶液的体积，mL；

C——硫代硫酸钠溶液的实际浓度，mol/L。

$$f_1 = \frac{V_0}{V_0 - V'}$$

式中　V_0——溶解氧瓶的体积，mL；

V'——二价硫酸锰（1 mL）和碱性试剂（2 mL）体积的总和。

结果取一位小数。

2.3.1.7 注意事项

（1）如果水样中含有氧化性物质（如游离氯大于 0.1mg/L 时），应预先于水样中加入硫代硫酸钠去除。即用两个溶解氧瓶各取一瓶水样，在其中一瓶加入 5ml（1+5）硫酸和 1g 碘化钾，摇匀，此时游离出碘。以淀粉作指示剂，用硫代硫酸钠溶液滴定至蓝色刚褪，记下用量（相当于去除游离氯的量）。于另一瓶水样中，加入相同量的硫代硫酸钠溶液，摇匀后按操作步骤测定。

（2）如果水样呈强酸性或强碱性，可用氢氧化钠或硫酸溶液调至中性后测定。

2.3.2 水质 化学需氧量的测定 重铬酸盐法

2.3.2.1 方法原理

在水样中加入已知量的重铬酸钾溶液，并在强酸介质下以银盐作催化剂，经沸腾回流后，以试亚铁灵为指示剂，用硫酸亚铁铵滴定水样中未被还原的重铬酸钾消耗的硫酸亚铁铵的量换算成消耗氧的质量浓度。

在酸性重铬酸钾条件下，芳烃及吡啶难以被氧化，其氧化率较低。在硫酸银催化作用下，直链脂肪族化合物可有效地被氧化。

2.3.2.2 适用范围

本标准规定了水中化学需氧量的测定方法。

本标准适用于各种类型的含 COD 值大于 30mg/L 的水样，对未经稀释的水样的测定上限为 700mg/L。

本标准不适用于含氯化物浓度大于 1000mg/L（稀释后）的含盐水。

2.3.2.3 仪器

（1）回流装置：带有 24 号标准磨口的 250mL 锥形瓶的全玻璃回流装置。回流冷凝管长度为 300~500mm。若取样量在 30mL 以上，可采用带 500mL 锥形瓶的全玻璃回流装置。

（2）加热装置。

（3）25mL 或 50mL 酸式滴定管。

2.3.2.4 试剂

试验时所用试剂均为符合国家标准的分析纯试剂，试验用水均为蒸馏水或同等纯度的水。

(1) 硫酸银（$AgSO_4$），化学纯。

(2) 硫酸汞（$HgSO_4$），化学纯。

(3) 硫酸（H_2SO_4），$\rho = 1.84g/mL$。

(4) 硫酸银-硫酸试剂：向1L硫酸中加入10g硫酸银，放置1~2天使之溶解，并混匀，使用前小心摇动。

(5) 重铬酸钾标准溶液。

① 浓度为 $C(Cr_2K_2O_7) = 0.250mol/L$ 重铬酸钾标准溶液：将12.258g在105℃干燥2h后的重铬酸钾溶于水中，稀释至1000mL。

② 浓度为 $C(Cr_2K_2O_7) = 0.0250mol/L$ 重铬酸钾标准溶液：将溶液稀释10倍而成。

(6) 硫酸亚铁铵标准滴定溶液。

① 浓度为 $C\{(NH_4)_2Fe(SO_4)_2 \cdot 6H_2O\} \approx 0.10mol/L$ 的硫酸亚铁铵标准滴定溶液：溶解39g硫酸亚铁铵 $\{(NH_4)_2Fe(SO_4)_2 \cdot 6H_2O\}$ 于水中，加入20mL硫酸（4.3），待其溶液冷却后稀释至1000mL。

② 每日临用前，必须用重铬酸钾标准溶液准确标定此溶液的浓度。

取10.00mL重铬酸钾标准溶液置于锥形瓶中，用水稀释至约100mL，加入30mL硫酸，混匀，冷却后，加3滴（约0.15mL）试亚铁灵指示剂，用硫酸亚铁铵滴定溶液由黄色经蓝绿色变为红褐色，即为终点。记录下硫酸亚铁铵的消耗量（mL）。

③ 硫酸亚铁铵标准滴定溶液浓度的计算：

$$C\{(NH_4)_2Fe(SO_4)_2 \cdot 6H_2O\} = \frac{10.00 \times 0.250}{V} = \frac{2.50}{V}$$

式中　V——滴定时消耗硫酸亚铁铵溶液的毫升数。

④ 浓度为 $C\{(NH_4)_2Fe(SO_4)_2 \cdot 6H_2O\} \approx 0.010mol/L$ 的硫酸亚铁铵标准滴定溶液：将硫代硫酸钠溶液稀释10倍，用重铬酸钾标准溶液标定，其滴定步

骤及浓度计算分别与②及③类同。

⑤ 邻苯二甲酸钾标准溶液，$C(KC_6H_5O_4) = 2.0824$ mmol/L：称取105℃时干燥2h的邻苯二甲酸氢钾（$HOOCC_6H_4COOK$）0.4251g溶于水，并稀释至1000mL，混匀。以重铬酸钾为氧化剂，将邻苯二甲酸钾完全氧化的COD值为1.176g氧/克（指1g邻苯二甲酸钾耗氧1.176g）故该标准溶液的理论COD值为500mg/L。

⑥ 1,10-菲绕啉指示剂溶液：溶解0.7g七水合硫酸亚铁（$FeSO_4 \cdot 7H_2O$）于50mL的水中，加入1.5g 1,10-菲绕啉，搅动至溶解，加水稀释至100mL。

⑦ 防爆沸玻璃珠。

2.3.2.5 分析步骤

（1）取20.00 mL混合均匀的水样（或适量水样稀释至20.00mL）置250mL磨口的回流锥形瓶中，准确加入10.00mL重铬酸盐标准溶液及数粒洗净的玻璃珠或沸石，连接磨口回流冷凝管，从冷凝管上口慢慢地加入30mL 0.10硫酸-硫酸银溶液，轻轻摇动锥形瓶使溶液混匀，加热回流2h（自开始沸腾时计时）。

（2）冷却后，用90mL水从上部慢慢冲洗冷凝管壁，取下锥形瓶。溶液总体积不得少于140mL，否则因酸度太大，滴定终点不明显。

（3）溶液再度冷却后，加3滴试亚铁灵指示液，用硫酸亚铁铵标准溶液滴定，溶液的颜色由黄色经蓝绿色至红褐色即为终点，记录硫酸亚铁铵标准溶液的用量。

（4）测定水样的同时，以20.00mL重蒸馏水，按同样操作步骤作空白试验。记录滴定空白时硫酸亚铁铵标准溶液的用量。

2.3.2.6 计算

$$COD_{Cr}(O_2, mg/L) = \frac{(V_0 - V_1) \cdot C \times 8 \times 1000}{V}$$

式中　C——硫酸亚铁铵标准溶液的浓度，mol/L；

　　　V_0——滴定空白时硫酸亚铁铵标准溶液用量；

　　　V_1——滴定水样时硫酸亚铁铵标准溶液的用量；

　　　V——水样的体积；

8——氧（1/20）摩尔质量，g/mol。

2.3.2.7 注意事项

（1）使用 0.4g 硫酸汞络合氯离子的最高量可达 40mg，如取用 20.00mL 水样，即最高可络合 2000mg/L 氯离子浓度的水样。若氯离子浓度较低，亦可少加硫酸汞，保持硫酸汞：氯离子 = 10∶1。若出现少量氯化汞沉淀，并不影响测定。

（2）水样取用体积可在 10.00～50.00mL 范围之间，但试剂用量及浓度需按表 2-3-1 进行相应调整，也可以得到满意的结果。

表 2-3-1 水样取用量和试剂用量

水样体积/mL	0.2500 mol/L $K_2Cr_2O_7$ 溶液/mL	H_2SO_4-Ag_2SO_4 溶液/mL	$HgSO_4$/g	$(NH_4)_2Fe(SO_4)_2$/ (mol/L)	滴定前总体积/mL
10.0	5.0	15	0.2	0.050	70
20.0	10.0	30	0.4	0.100	140
30.0	15.0	45	0.6	0.150	210
40.0	20.0	60	0.8	0.200	280
50.0	25.0	75	1.0	0.250	350

（3）对于化学需氧量小于 50mg/L 的水样，应改用 0.025mol/L 重铬酸盐标准溶液。回滴时用 0.01mol/L 硫酸亚铁铵标准溶液。

（4）水样加热回流后，溶液中重铬酸钾剩余量应是加入量的 1/5～4/5 为宜。

（5）用邻苯二甲酸氢钾标准溶液检查试剂的质量和操作技术时，由于每克邻苯二甲酸氢钾的理论 COD_{Cr} 为 1.176g，所以溶解 0.4251g 邻苯二甲酸氢钾（$HOOCC_6H_4COOK$）于重蒸馏水中，转入 1000mL 容量瓶，用重蒸馏水稀释至标线，使之成为 500mg/L 的 COD_{Cr} 标准溶液。用时新配。

（6）COD_{Cr} 的测定结果应保留三位有效数字。

（7）每次试验时，应对硫酸亚铁铵标准滴定溶液进行标定，室温较高时尤其应注意其浓度的变化。标定方法可采用如下操作：于空白试验滴定结束后的溶液中，准确加入 10.00mL、0.2500mol/L 重铬酸钾溶液混匀，然后用硫酸亚铁铵标准溶液进行标定。

（8）回流冷凝管不能用软质乳胶管，否则容易老化、变形、冷却水不通畅。

（9）用手摸冷却水时不能有温感，否则测定结果偏低。

（10）滴定时不能激烈摇动锥形瓶，瓶内试液不能溅出水花，否则影响测定结果。

2.3.3 水质–高锰酸盐指数的测定——酸性法

2.3.3.1 方法原理

水样中加入硫酸使呈酸性后，加入一定量的高锰酸钾溶液，并在沸水浴中加热反应一定的时间。剩余的高锰酸钾，用草酸钠溶液还原并加入过量，再用高锰酸钾溶液回滴过量的草酸钠，通过计算求出高锰酸盐指数值。显然，高锰酸盐指数是一个相对的条件性指标，其测定结果与溶液的酸度、高锰酸盐浓度、加热温度和时间有关。因此，测定时必须严格遵守操作规定，使结果具有可比性。

2.3.3.2 适用范围

酸性法适用于氯离子含量不超过 300mg/L 的水样。

当水样的高锰酸盐指数值超过 10mg/L 时，则酌情分取少量试样，并用水稀释后再进行测定。

2.3.3.3 仪器

（1）沸水浴装置。

（2）250mL 锥形瓶。

（3）50mL 酸式滴定管。

（4）定时钟。

2.3.3.4 试剂

（1）高锰酸钾储备液（$1/5KMnO_4 = 0.1mol/L$）：称取 3.2g 高锰酸钾溶于 1.2L 水中，加热煮沸，使体积减少到约 1L，在暗处放置过夜，用 G–3 玻璃砂芯漏斗过滤后，滤液储于棕色瓶中保存。使用前用 0.1000mol/L 的草酸钠标准储备液标准，求得实际浓度。

（2）高锰酸钾使用液（$1/5KMnO_4 = 0.01mol/L$）吸取一定量的上述高锰酸钾溶液，用水稀释至 1000mL，并调节至 0.01mol/L 准确浓度，储于棕色瓶中。

使用当天应进行标定。

(3) (1+3) 硫酸。配制时趁热滴加高锰酸钾溶液至呈微红色。

(4) 草酸钠标准储备液（$1/2Na_2C_2O_4 = 0.1000mol/L$）：称取 0.6705g 在 105~110℃烘干 1h 并冷却的优级纯草酸钠溶于水中，移入 100mL 容量瓶中，用水稀释至标线。

(5) 草酸钠标准使用液（$1/2Na_2C_2O_4 = 0.0100mol/L$）：吸取 10.00mL 上述草酸钠溶液移入 100mL 容量瓶中，用水稀释至标线。

2.3.3.5 分析步骤

(1) 分取 100mL 混匀水样（如高锰酸盐指数高于 10mg/L，则酌情少取，并用水稀释至 100mL）于 250mL 锥形瓶中。

(2) 加入 5mL (1+3) 硫酸，混匀。

(3) 加入 10.00mL、0.01mol/L 的高锰酸钾溶液，摇匀，立即放入沸水浴中加热 30min（从水浴重新沸腾起计时）。沸水浴液面要高于反应溶液的液面。

(4) 取下锥形瓶，趁热加入 10.00mL、0.0100mol/L 草酸钠标准溶液，摇匀。立即用 0.01mol/L 高锰酸钾溶液滴定至显微红色，记录高锰酸钾溶液消耗量。

(5) 高锰酸钾溶液浓度的标定：将上述已滴定完毕的溶液加热至约 70℃，准确加入 10.00mL 草酸钠标准溶液（0.0100mol/L），再用 0.01mol/L 高锰酸钾溶液滴定至显微红色。记录高锰酸钾溶液的消耗量，按下式求得高锰酸钾溶液的校正系数（K）：

$$K = \frac{10.00}{V}$$

式中　V——高锰酸钾溶液消耗量，mL。

若水样经稀释时，应同时另取 100mL 水，同水样操作步骤进行空白试验。

2.3.3.6 计算

(1) 水样不经稀释。

$$高锰酸盐指数（O_2，mg/L）= \frac{[(10+V_1)K-10] \times M \times 8 \times 1000}{100}$$

式中 V_1——滴定水样时,高锰酸钾溶液的消耗量,mL;

K——校正系数;

M——草酸钠溶液浓度,mol/L;

8——氧(1/20)摩尔质量。

(2)水样经稀释。

$$\text{高锰酸盐指数}(O_2, \text{mg/L}) = \frac{\{[(10+V_1)K-10]-[(10+V_0)K-10]\times C\}\times M\times 8\times 1000}{V_2}$$

式中 V_0——空白试验中高锰酸钾溶液消耗量,mL;

V_2——分取水样量,mL;

C——稀释的水样中含水的比值,如 10.0 mL 水样,加 90mL 水稀释至 100mL,则 $C=0.90$。

2.3.3.7 注意事项

(1)在水浴中加热完毕后,溶液仍应保持淡红色,如变浅或全部褪去,说明高锰酸钾的用量不够。此时,应将水样稀释倍数加大后再测定,使加热或氧化后残留的高锰酸钾为其加入量的 1/3~1/2 为宜。

(2)在酸性条件下,草酸钠和高锰酸钾的反应温度应保持在 60~80℃,所以滴定操作必须趁热进行,若溶液温度过低,需适当加热。

2.3.4 水质–五日生化需氧量(BOD_5)的测定——稀释与接种法

2.3.4.1 方法原理

生化需氧量是指在规定的条件下,微生物分解水中的某些可氧化的物质,特别是分解有机物的生物化学过程消耗的溶解氧。通常情况下是指水样充满完全封闭的溶解氧瓶中,在 (20 ± 1)℃的暗处培养 5d±4h 或 (2+5) d±4h(先在 0~4℃的暗处培养 2d,接着在 (20 ± 1)℃的暗处培养 5d,即培养 (2+5) d),分别测定培养前后水中溶解氧的质量浓度,由培养前后溶解氧的质量浓度之差,计算每升样品消耗的溶解氧量,以 BOD_5 形式表示。

若样品中的有机物含量较多,BOD_5 的质量浓度大于 6mg/L,样品需适当稀释后测定；对不含或含微生物少的工业废水，如酸性废水、碱性废水、高温废水、冷冻保存的废水或经过氯化处理等的废水，在测定BOD_5时应进行接种，以引进能分解废水中有机物的微生物。当废水中存在难以被一般生活污水中的微生物以正常的速度降解的有机物或含有剧毒物质时，应将驯化后的微生物引入水样中进行接种。

2.3.4.2 适用范围

本标准适用于地表水、工业废水和生活污水中五日生化需氧量（BOD_5）的测定。

方法的检出限为0.5mg/L，方法的测定下限为2mg/L，非稀释法和非稀释接种法的测定上限为6mg/L，稀释与稀释接种法的测定上限为6000mg/L。

2.3.4.3 仪器

本标准除非另有说明，分析时均使用符合国家A级标准的玻璃量器。本标准使用的玻璃仪器须清洁、无毒性和可生化降解的物质。

（1）滤膜：孔径为1.6μm。

（2）溶解氧瓶：带水封装置，容积250~300mL。

（3）稀释容器：1000~2000mL的量筒或容量瓶。

（4）虹吸管：供分取水样或添加稀释水。

（5）溶解氧测定仪。

（6）冷藏箱：0~4℃。

（7）冰箱：有冷冻和冷藏功能。

（8）带风扇的恒温培养箱：（20±1）℃。

（9）曝气装置：多通道空气泵或其他曝气装置；曝气可能带来有机物、氧化剂和金属，导致空气污染，如有污染，空气应过滤清洗。

2.3.4.4 试剂

本标准所用试剂除非另有说明，分析时均使用符合国家标准的分析纯化学试剂。

（1）水：试验用水为符合分析试验室用水规格和试验方法规定的三级蒸馏

水,且水中铜离子的质量浓度不大于0.01mg/L,不含有氯或氯胺等物质。

(2) 接种液:可购买接种微生物用的接种物质,接种液的配制和使用按使用说明书的要求操作。也可按以下方法获得接种液。

① 未受工业废水污染的生活污水:化学需氧量不大于300mg/L,总有机碳不大于100mg/L。

② 含有城镇污水的河水或湖水。

③ 污水处理厂的出水。

④ 分析含有难降解物质的工业废水时,在其排污口下游适当处取水样作为废水的驯化接种液。也可去中和或经适当稀释后的废水进行连续曝气,每天加入少量该种废水,同时加入少量生活污水,使适当该种废水的微生物大量繁殖。当水中出现大量的絮状物时,表明微生物已繁殖,可用作接种液。一般驯化过程需3~8d。

(3) 盐溶液。

① 磷酸盐缓冲溶液:将8.5g磷酸二氢钾(KH_2PO_4)、21.8g磷酸氢二钾(K_2HPO_4)、33.4g七水合磷酸氢二钠($Na_2HPO_4 \cdot 7H_2O$)和1.7g氯化铵(NH_4Cl)溶于水中,稀释至1000mL,此溶液在0~4℃可保存6个月。此溶液的pH值为7.2。

② 硫酸镁溶液,$\rho(MgSO_4)$ = 11.0g/L:将22.5g七水合硫酸镁($MgSO_4 \cdot 7H_2O$)溶于水中,稀释至1000mL,此溶液在0~4℃可稳定6个月,若发现任何沉淀或微生物生长应弃去。

③ 氯化钙溶液,$\rho(CaCl_2)$ = 27.6g/L:将27.6g无水氯化钙($CaCl_2$)溶于水中,稀释至1000mL,此溶液在0~4℃可稳定6个月,若发现任何沉淀或微生物生长应弃去。

④ 氯化铁溶液,$\rho(FeCl_3)$ = 0.15g/L:将0.25g六水合氯化铁($FeCl_3 \cdot 6H_2O$)溶于水中,稀释至1000mL,此溶液在0~4℃可稳定6个月,若发现任何沉淀或维生物生长应弃去。

(4) 稀释水:在5~20L的玻璃瓶中加入一定量的水,控制水的温度在(20±1)℃,用曝气装置至少曝气1h,使稀释水中的溶解氧达到8mg/L以上。使用前每升水中加入上述四种盐溶液各 1.0mL，混匀，20℃保存。在曝气过程中防止污染，特别是防止带入有机物、金属、氧化物或还原物。

稀释水中氧的浓度不能过饱和，使用前需开口放置 1h，且应在 24h 内使用。剩余的稀释水应弃去。

（5）接种稀释水：根据接种液的来源不同，每升稀释水中加入适量接种液：城市生活污水和污水处理厂出水加 1~10mL，河水或湖水加 10~100mL，将接种稀释水存放在（20±1）℃的环境中，当天配制当天使用。接种的稀释水 pH 值为 7.2，BOD_5 应小于 1.5mg/L。

（6）葡萄糖-谷氨酸标准溶液：将葡萄糖（$C_6H_{12}O_6$，优级纯）和谷氨酸（$HOOC-CH_2-CH_2-CHNH_2-COOH$，优级纯）在 130℃干燥 1h，各称取 150mg 溶于水中，在 1000mL 容量瓶中稀释至标线。此溶液的 BOD_5 为 210±20mg/L，现用现配。该溶液也可少量冷冻保存，融化后立刻使用。

（7）丙烯基硫脲硝化抑制剂，（ρ（$C_4H_8N_2S$）=1.0g/L）溶解 0.20g 丙烯基硫脲（$C_4H_8N_2S$）于 200mL 水中混合，4℃保存，此溶液可稳定保存 14d。

2.3.4.5 分析步骤

1. 非稀释法

非稀释法分为两种情况：非稀释法和非稀释接种法。如样品中的有机物含量较少，BOD_5 的质量浓度不大于 6mg/L，且样品中有足够的微生物，用非稀释法测定。若样品中的有机物含量较少，BOD_5 的质量浓度不大于 6mg/L，但样品中无足够的微生物，如酸性废水、碱性废水、高温废水、冷冻保存的废水或经过氯化处理等的废水，采用非稀释接种法测定。

1）试样的准备

（1）待测试样。测定前待测试样的温度达到（20±2）℃，若样品中溶解氧浓度低，需要用曝气装置曝气 15min，充分振摇赶走样品中残留的空气泡；若样品中氧过饱和，将容器 2/3 体积充满样品，用力振荡赶出过饱和氧，然后根据试样中微生物含量情况确定测定方法。非稀释法可直接取样测定；非稀释接种法，每升试样中加入适量的接种液，待测定。若试样中含有硝化细菌，有可能发生硝化反应，需在每升试样中加入 2mL 丙烯基硫脲硝化抑制剂。

(2)空白试样。非稀释接种法,每升稀释水中加入与试样中相同量的接种液作为空白试样,需要时每升试样中加入 2mL 丙烯基硫脲硝化抑制剂。

2)试样的测定

(1)碘量法测定试样中的溶解氧。将试样充满二个溶解氧瓶中,使试样少量溢出,防止试样中的溶解氧质量浓度改变,使瓶中存在的气泡靠瓶壁排除。将一瓶盖上瓶盖,加上水封,在瓶盖外罩上一个密封罩,防止培养期间水封水蒸发干,在恒温培养箱中培养 5d±4h 或（2+5）d±4h 后测定试样中溶解氧的质量浓度。另一瓶 15min 后测定试样在培养前溶解氧的质量浓度。溶解氧的测定按上章的碘量法测定进行操作。

(2)电化学探头法测定试样中的溶解氧。将试样充满一个溶解氧瓶中,使试样少量溢出,防止试样中的溶解氧质量浓度改变,使瓶中存在的气泡靠瓶壁排除。测定培养前试样中的溶解氧的质量浓度。盖上瓶盖,防止样品中残留气泡,加上水封,在瓶盖外罩上一个密封罩,防止培养期间水封水蒸发干。将试样瓶放入恒温培养箱中培养 5d±4h 或（2+5）d±4h。测定培养后试样中溶解氧的质量浓度。溶解氧的测定按碘量法测定进行操作,空白试样的测定方法同上。

2. 稀释与接种法

稀释与接种法分为两种情况：稀释法和稀释接种法。若试样中的有机物含量较多,BOD_5 的质量浓度大于 6mg/L,且样品中有足够的微生物,采用稀释法测定;若样品中的有机物含量较多,BOD_5 的质量浓度大于 6mg/L,但样品中无足够的微生物,采用稀释接种法测定。

1)试样的准备

(1)待测试样。待测试样的温度达到（20±2）℃,若样品中溶解氧浓度低,需要用曝气装置曝气 15min,充分振摇赶走样品中残留的空气泡;若样品中氧过饱和,将容器 2/3 体积充满样品,用力振荡赶出过饱和氧,然后根据试样中微生物含量情况确定测定方法。稀释法测定,稀释倍数按表 1 和表 2 方法确定,然后用稀释水稀释。稀释接种法测定,用接种稀释水稀释样品。若试样中含有硝化细菌,有可能发生硝化反应,需在每升试样中加入 2mL 丙烯基硫脲硝化抑制剂。

稀释倍数的确定：样品稀释的程度应使消耗的溶解氧质量浓度不小于

2mg/L，培养后样品中剩余溶解氧质量浓度不小于2mg/L，且试样中剩余的溶解氧的质量浓度为开始浓度的1/3~2/3为最佳。

稀释倍数可根据样品的总有机碳（TOC）、高锰酸盐指数（I_{Mn}）或化学需氧量（COD_{cr}）的测定值，按照表2-3-2列出的BOD_5与总有机碳（TOC）、高锰酸盐指数（I_{Mn}）或化学需氧量（COD_{cr}）的比值估计BOD_5的期望值（R与样品的类型有关），再根据表2-3-3确定稀释因子。当不能准确地选择稀释倍数时，一个样品做2~3个不同的稀释倍数。

表2-3-2 典型的比值R

水样类型	总有机碳R (BOD_5/TOC)	高锰酸盐指数 (BOD_5/I_{Mn})	化学需氧量 (BOD_5/COD_{cr})
未处理的废水	1.2~2.8	1.2~1.5	0.35~0.65
生化处理的废水	0.3~1.0	0.5~1.2	0.20~0.35

由表2-3-2中选择适当的R值，按下面公式计算BOD_5的期望值：

$$\rho = RV$$

式中 ρ——五日生化需氧量浓度的期望值。

V——总有机碳（TOC）、高锰酸盐指数（I_{Mn}）或化学需氧量（COD_{cr}）的测定值，mg/L。由估算出的BOD_5的期望值，按表2-3-3确定样品的稀释倍数。

表2-3-3 BOD_5测定的稀释倍数

BOD_5的期望值，氧/（mg/L）	稀释倍数	水样类型
6~12	2	河水，生物净化的城市污水
10~30	5	河水，生物净化的城市污水
20~60	10	生物净化的城市污水
40~120	20	澄清的城市污水或轻度污染的工业废水
100~300	50	轻度污染的工业废水或原城市污水
200~600	100	轻度污染的工业废水或原城市污水
400~1200	200	重度污染的工业废水或原城市污水
1000~3000	500	重度污染的工业废水
2000~6000	1000	重度污染的工业废水

按照确定的稀释倍数,将一定体积的试样或处理后的试样用虹吸管加入已加部分稀释水或接种稀释水的稀释容器中,加稀释水或接种稀释水至刻度,轻轻混合避免残留气泡,待测定。若稀释倍数超过100倍,可进行两步或多步稀释。

(2) 空白试样。稀释法测定,空白试样为稀释水,需要时每升稀释水中加入2mL丙烯基硫脲硝化抑制剂。

稀释接种法测定,空白试样为接种稀释水,必要时每升接种稀释水中加入2mL丙烯基硫脲硝化抑制剂。

2) 试样的测定

试样和空白试样的测定方法同上。

2.3.4.6 计算

1. 非稀释法

非稀释法按下面公式计算样品 BOD_5 的测定结果:

$$\rho = \rho_1 - \rho_2$$

式中　　ρ——五日生化需氧量质量浓度,mg/L;
　　　　ρ_1——水样在培养前的溶解氧质量浓度,mg/L;
　　　　ρ_2——水样在培养后的溶解氧质量浓度,mg/L。

2. 非稀释接种法

非稀释接种法按下面公式计算样品 BOD_5 的测定结果:

$$\rho = (\rho_1 - \rho_2) - (\rho_3 - \rho_4)$$

式中　　ρ——五日生化需氧量质量浓度,mg/L;
　　　　ρ_1——接种水样在培养前的溶解氧质量浓度,mg/L;
　　　　ρ_2——接种水样在培养后的溶解氧质量浓度,mg/L;
　　　　ρ_3——空白样在培养前的溶解氧质量浓度,mg/L;
　　　　ρ_4——空白样在培养后的溶解氧质量浓度,mg/L。

3. 稀释与接种法

稀释法和稀释接种法按下面公式计算样品 BOD_5 的测定结果:

$$\rho = \frac{(\rho_1 - \rho_2) - (\rho_3 - \rho_4) \cdot f_1}{f_2}$$

式中　ρ——五日生化需氧量质量浓度，mg/L；

　　　ρ_1——接种稀释水样在培养前的溶解氧质量浓度，mg/L；

　　　ρ_2——接种稀释水样在培养后的溶解氧质量浓度，mg/L；

　　　ρ_3——空白样在培养前的溶解氧质量浓度，mg/L；

　　　ρ_4——空白样在培养后的溶解氧质量浓度，mg/L；

　　　f_1——接种稀释水或稀释水在培养液中所占的比例；

　　　f_2——原样品在培养液中所占的比例。

注：f_1，f_2 的计算。例如，培养液的稀释比为 3%，即 3 份水样、97 份稀释水，则 $f_1=0.97$，$f_2=0.03$。

BOD_5 的测定结果以氧的质量浓度（mg/L）报出。对稀释与接种法，如果有几个稀释倍数的结果满足要求，结果取这些稀释倍数结果的平均值。结果小于 100mg/L，保留一位小数；100~1000mg/L，取整数位；大于 1000mg/L 以科学计数法报出。结果报告中应注明：样品是否经过过滤、冷冻或均质化处理。

2.3.4.7　注意事项

（1）水中有机物的生物氧化过程，可分为两个阶段。第一阶段为有机物中的碳和氢，氧化生成二氧化碳和水，此阶段称为碳化阶段。完成碳化阶段在 20℃，大约需 20d。第二阶段为含氮物质及部分氨，氧化为亚硝酸盐及硝酸盐，称为硝化阶段。完成硝化阶段在 20℃时需要约 100d。因此，一般测定水样 BOD_5 时，硝化作用很不显著或根本不发生硝化作用。但对于生物处理池的出水，因其中含有大量的硝化细菌。因此，在测定 BOD_5 时也包括了部分含氮化合物的需氧量。对于这样的水样，如果我们只需要测定有机物降解的需氧量，可以加入硝化抑制剂，抑制硝化过程。为此目的，可在每升稀释水样中加入 1mL 浓度为 500mg/L 的丙烯基硫脲（ATU，$C_4H_8N_2S$）或在一定量固定在氯化钠上的 2-氯代-6-三氯甲基吡啶（TCMP，$Cl-C_5H_3N-C-CH_3$），使 TCMP 在稀释样品中的浓度大约为 0.5mg/L。

（2）玻璃器皿应彻底洗净。先用洗涤剂浸泡清洗，然后用稀盐酸浸泡，最后依次用自来水、蒸馏水洗净。

（3）在两个或三个稀释比的样品中，凡消耗溶解氧大于 2mg/L 和剩余溶解氧大于1mg/L，计算结果时，应取其平均值。若剩余的溶解氧小于1mg/L，甚至为零时，应加大稀释比。溶解氧消耗量小于2mg/L，有两种可能，一是稀释倍数过大；另一种可能是微生物菌种不适应，活性差或含毒性物质浓度过大。这时可能出现在几个稀释比中，稀释倍数较大的消耗溶解氧反而较多的现象。

（4）为检查稀释水和接种液的质量，以及化验人员的操作水平，可将20mL葡萄糖 - 谷氨酸标准溶液用接种稀释水稀释至1000mL，按测定BOD_5的步骤操作。测得BOD_5的值应在180~230mg/L之间。否则应检查接种液、稀释水的质量或操作技术是否存在问题。

（5）水样稀释倍数超过100倍时，应预先在容量瓶中用水初步稀释后，再取适量进行最后稀释培养。

2.3.5 水质 - 氨氮的测定——纳氏试剂比色法

2.3.5.1 方法原理

碘化汞和碘化钾的碱性溶液与氨反应生成淡红棕色胶态化合物，此颜色在较宽的波长内具强烈吸收性。通常测量用波长为410~425nm。

2.3.5.2 适用范围

本法最低检出浓度为0.025mg/L（光度法），测定上限为2mg/L，可采用目视比色法，最低检出浓度为0.02mg/L。水样作适当的预处理后，本法可适用于地表水、地下水、工业废水和生活污水中氨氮的测定。

2.3.5.3 仪器

（1）分光光度计。

（2）pH计。

2.3.5.4 试剂

配制试剂用水均应为无氨水。

（1）纳氏试剂：可选择下列一种方法制备。

① 称取20g碘化钾溶于约100mL水中，边搅拌边分次少量加入二氯化汞（$HgCl_2$）结晶粉末（约10g），至出现朱红色沉淀不易溶解时，改为滴加饱和二

氯化汞溶液，并充分搅拌，当出现微量朱红色沉淀不易溶解时，停止滴加氯化汞溶液。

另称取 60g 氢氧化钾溶于水，并稀释至 250mL，充分冷却至室温后，将上述溶液在搅拌下，徐徐注入氢氧化钾溶液中，用水稀释至 400mL，混匀。静置过夜。将上清液移入聚乙烯瓶中，密塞保存。

② 称取 16g 氢氧化钠，溶于 50mL 水中，充分冷却至室温。

另称取 7g 碘化钾和 10g 碘化汞（HgI_2）溶于水，然后将此溶液徐徐注入氢氧化钠溶液中，用水稀释至 100mL，储于聚乙烯瓶中，密塞保存。

（2）酒石酸钾钠溶液：称取 50g 酒石酸钾钠（$KNaC_4H_4O_6 \cdot 4H_2O$）溶于 100mL 水中，加热煮沸以除去氨，放冷，定容至 100mL。

（3）铵标准储备溶液：称取 3.819g 经 100℃ 干燥过的优级纯氯化铵（NH_4Cl）溶于水中，移入 1000mL 容量瓶中，稀释至标线。此溶液每毫升含 1.00mg 氨氮。

（4）铵标准使用溶液：易取 5.00mL 铵标准贮备溶液于 500mL 容量瓶中，用水稀释至标线。此溶液每毫升含 0.010mg 氨氮。

2.3.5.5 步骤

1. 校准曲线的绘制

（1）吸取 0mL、0.50mL、1.00mL、3.00mL、5.00mL、7.00mL 和 10.0mL 铵标准使用液于 50mL 比色管中，加水至标线，加 1.0mL 酒石酸钾钠溶液，混匀。加 1.5mL 纳氏试剂，混匀。放置 10min 后，在波长 420nm 处，用光程 20mm 比色皿，以水为参比，测量吸光度。

（2）由测得的吸光度，减去零浓度空白的吸光度后，得到校正吸光度，绘制以氨氮含量（mg）对校正吸光度的校准曲线。

2. 水样的测定

（1）分取适量经絮凝沉淀预处理后的水样（使氨氮含量不超过 0.1mg），加入 50mL 比色管中，稀释至标线，加 1.0mL 酒石酸钾钠溶液。以下同校准曲线的绘制。

（2）分取适量经蒸馏预处理后的馏出液，加入 50mL 比色管中，加一定量

1mol 氢氧化钠溶液以中和硼酸，稀释至标线。加 1.5mL 纳氏试剂，混匀。放置 10min 后，同校准曲线步骤测量吸光度。

3. 空白试验

以无氨水代替水样，做全程序空白测定。

2.3.5.6 计算

由水样测得的吸光度减去空白试验的吸光度后，从校准曲线上查得氨氮含量（mg）。

$$氨氮（N，mg/L）= \frac{m}{v} \times 1000$$

式中　　m——由校准曲线查得的氨氮量，mg；

　　　　v——水样体积，mL。

2.3.5.7 注意事项

（1）纳氏试剂中碘化汞与碘化钾的比例，对显色反应的灵敏度有较大影响。静置后生成的沉淀应除去。

（2）滤纸中常含痕量铵盐，使用时注意用无氨水洗涤。所用玻璃器皿应避免实验室空气中氨的沾污。

2.3.5.8 水样的预处理

水样带色或浑浊以及含其他一些干扰物质，影响氨氮的测定。为此，在分析时需作适当的预处理。对较清洁的水，可采用絮凝沉淀法；对污染严重的水或工业废水，则用蒸馏法消除干扰。

1. 絮凝沉淀法

加适量的硫酸锌于水样中，并加氢氧化钠使呈碱性，生成氢氧化锌沉淀，再经过滤除去颜色和浑浊等。

（1）仪器为 100mL 具塞量筒或比色管。

（2）试剂。

① 10% 硫酸锌溶液：称取 10g 硫酸锌溶于水，稀释至 100mL。

② 25% 氢氧化钠溶液：称取 25g 氢氧化钠溶于水，稀释至 100mL，储存于聚

乙烯瓶中。

③ 硫酸：$\rho = 1.84$。

（3）步骤。取 100mL 水样于具塞量筒或比色管中，加入 1mL10% 硫酸锌溶液和 0.1~0.2mL 25% 氢氧化钠溶液，调节 pH 至 10.5 左右，混匀。静置沉淀，用经无氨水充分洗涤过的中速滤纸过滤，弃去初滤液 20mL。

2. 蒸馏法

调节水样的 pH 值为 6.0~7.4，加入适量氧化镁使呈微碱性，蒸馏释放出的氨被吸收于硫酸或硼酸溶液中。采用纳氏比色法或酸滴定法时，以硼酸溶液为吸收液；采用水杨酸 – 次氯酸盐比色法时，则以硫酸溶液作为吸收液。

1）仪器

带氮球的定氮蒸馏装置：500mL 凯氏烧瓶、氮球、直行冷凝管和导管。

2）试剂

水样稀释及配制均用无氨水。

（1）无氨水制备。

① 蒸馏法：每升稀释水中加 0.1mL 硫酸，在全玻璃蒸馏器重蒸馏，弃去 50mL 初滤液，接取其余馏出液于具塞磨口的玻璃瓶中，密塞保存。

② 离子交换法：使蒸馏水通过强酸性阳离子交换树脂柱。

（2）1mol/L 盐酸溶液。

（3）1mol/L 氢氧化钠溶液。

（4）轻质氧化镁（MgO）：将氧化镁在 500℃下加入，以除去碳酸盐。

（5）0.05% 溴百里酚蓝指示液（pH6.0~7.6）。

（6）防沫剂，如石蜡碎片。

（7）吸收液：

① 硼酸溶液：称取 20g 硼酸溶于水，稀释至 1L。

② 硫酸（H2SO4）溶液 0.01mol/L。

3）步骤

（1）蒸馏装置的预处理：加 250mL 水样于凯氏烧瓶中，加 0.25g 轻质氧化镁和数粒玻璃珠，加热蒸馏至馏出液不含氨为止，弃去瓶内残液。

（2）分取250mL水样（如氨氮含量较高，可分取适量并加水至250mL，使氨氮含量不超过2.5mg），移入凯氏烧瓶中，加数滴溴百里酚蓝指示液，用氢氧化钠溶液或盐酸溶液调节至pH7左右。加入0.25g轻质氧化镁和数粒玻璃珠，立即连接氮球和冷凝管，导管下端插入吸收液的液面下。加热蒸馏，至馏出液达200mL时，停止蒸馏，定容至250mL。

（3）采用酸滴定法或纳氏比色法时，以50mL硼酸溶液为吸收液；采用水杨酸－次氯酸盐比色法时，改用50mL 0.01mol/L硫酸溶液作为吸收液。

4）注意事项

（1）蒸馏时应避免发生暴沸，否则可造成馏出液温度升高，氨吸收不完全。

（2）防止在蒸馏时产生泡沫，必要时可加少许石蜡碎片于凯氏烧瓶中。

（3）水样如含余氯，则应加入适量0.35%硫代硫酸钠溶液，每0.5mL可除去0.25mg余氯。

2.4 金属及其化合物监测

在环境污染方面所说的重金属主要是指铜、锌、汞（水银）、镉、铅、铬、铁、锰等生物毒性显著的重元素。重金属不能被生物降解，相反却能在食物链的生物放大作用下，成千百倍地富集，最后进入人体。重金属在人体内能和蛋白质及酶等发生强烈的相互作用，使它们失去活性，也可能在人体的某些器官中累积，造成慢性中毒。重金属元素由于某些原因未经处理就被排入河流、湖泊或海洋，或者进入了土壤中，使得这些河流、湖泊、海洋和土壤受到污染，它们不能被生物降解。鱼类或贝类如果积累重金属而为人类所食，或者重金属被稻谷、小麦等农作物所吸收被人类食用，重金属就会进入人体使人产生重金属中毒，轻则发生怪病（水俣病、骨痛病等），重者就会死亡。

样品的采集。采样瓶先用洗涤剂洗净，再在2‰的硝酸溶液中浸泡，使用前用水洗净即可。

2.4.1 水质中的重金属

2.4.1.1 原理

将样品或消解处理过的样品直接吸入火焰中,火焰中形成的原子对特征电磁辐射产生吸收,将测得的样品吸光度和标准溶液的吸光度进行比较,确定样品中被测元素的浓度。

2.4.1.2 干扰及其消除

影响铁、锰原子吸收法准确度的主要干扰是化学干扰,当硅的浓度大于20mg/L时,开始对铁的测定产生负干扰;当硅的浓度大于50mg/L时,对锰的测定也出现负干扰,这些干扰的程度随着硅的浓度增加而增加。如果试样中存在200mg/L氯化钙时,上述干扰可以消除。一般来说,铁、锰的火焰原子吸收法的基体干扰不严重,由分子吸收或光散射造成的背景吸收也可忽略,但遇到高矿化度水样有背景吸收时,应采用背景校正措施或将水样适当稀释后再测定。

2.4.1.3 适用范围

元 素	浓度范围/(mg/L)
铜	0.05~5
铅	0.2~10
锌	0.02~1
镉	0.05~1
铬	0.04~1
铁	0.03~5
锰	0.01~3

2.4.1.4 仪器

(1) 比色管:50mL。

(2) 漏斗:$\varphi=10$。

(3) AA240FS/GTA120 原子吸收光谱仪,或 contrAA700 连续光源火焰、石墨炉原子吸收光谱仪。

（4）乙炔气，氩气，空气压缩机。

2.4.1.5　试剂

除非另有说明，分析时均使用符合国家标准或专业标准的分析纯试剂、去离子水或同等纯度的水。

（1）硝酸（H_2NO_3）：$\rho = 1.42g/mL$，优级纯。

（2）硝酸（H_2NO_3）：$\rho = 1.42g/mL$，分析纯。

（3）高氯酸（$HClO_4$）：$\rho = 1.67g/mL$，优级纯。

（4）燃料：乙炔，用钢瓶气或由乙炔发生器供给。纯度不低于99.6%。

（5）氧化剂：空气，一般由气体压缩机供给，进入燃烧器以前应经过适当过滤，以除去其中的水、油和其他杂质。

（6）1+1 硝酸溶液。

（7）1+499 硝酸溶液。

2.4.1.6　分析步骤

（1）测定溶解的金属时，使样品通过 0.45μm 滤膜过滤，接步骤（4）测定。

（2）测定金属总量时，如果样品不需要消解，用实验室样品，接步骤（4）进行测定。如果需要消解，通过步骤（3）进行消解，再接步骤（4）测定。

（3）混匀后取 100.0mL 实验室样品，置于 200mL 烧杯中，加入 5mL 硝酸，在电热板上加热消解，确保样品不沸腾，蒸至 10mL 左右，加入 5mL 硝酸和 2mL 高氯酸，继续消解，蒸至 1mL 左右。如果消解不完全，再加入 5mL 硝酸和 2mL 高氯酸，再蒸至 1mL 左右。取下冷却，加水溶解残渣，通过中速滤纸（预先用酸洗）滤入 100mL 容量瓶中，用水稀释至标线。

消解中使用高氯酸有爆炸危险，整个消解要在通风橱中进行。

（4）根据下表选择波长和调节火焰，吸入硝酸溶液，将仪器调零。吸入空白、工作标准溶液或样品，记录吸光度。

元素	特征谱线波长/nm	火焰类型
铜	324.8	空气、乙炔、氧化性火焰
铅	217.0	空气、乙炔、氧化性火焰

续表

元素	特征谱线波长/nm	火焰类型
锌	213.9	空气、乙炔、氧化性火焰
镉	228.8	空气、乙炔、氧化性火焰
铬	357.9	空气、乙炔、还原性火焰
铁	248.3	空气、乙炔、氧化性火焰
锰	279.5	空气、乙炔、氧化性火焰

（5）根据扣除空白吸光度后的样品吸光度，在校准曲线上查出样品中的金属浓度。

（6）校准。

在200mL容量瓶中，用硝酸溶液稀释各元素标准溶液，配置5个工作标准溶液，其浓度范围应包括样品中被测元素的浓度。选取合适波长和调节火焰，按照步骤（4）测定。用测得的吸光度和相对应的浓度绘制校准曲线。

2.4.1.7 结果的表示

实验室样品中的金属浓度按下式计算：

$$c = \frac{W \times 1000}{V}$$

式中　　c——实验室样品中的金属浓度，$\mu g/L$；

　　　　W——试份中的金属含量，μg；

　　　　V——试份的体积，mL。

2.4.2 土壤中的重金属

2.4.2.1 原理

采用盐酸－硝酸－氢氟酸－高氯酸全分解的方法，彻底破坏土壤的矿物晶格，使试样中的待测元素全部进入试液中。测定铜、锌元素时，将土壤消解液喷入空气－乙炔火焰中。在火焰的高温下，铜、锌化合物离解为基态原子，该基态原子蒸气对相应的空心阴极灯发射的特征谱线产生选择性吸收。在选择的最佳测定条件下，测定铜、锌的吸光度。测定铬元素时，在消解过程中，所有铬都被氧

化成 $Cr_2O_7^{2-}$。然后，将消解液喷入富燃性空气-乙炔火焰中。在火焰的高温下，形成铬基态原子，并对铬空心阴极灯发射的特征谱线 357.9nm 产生选择性吸收。在选择的最佳测定条件下，测定铬的吸光度。测定铅、隔元素时，将试液注入石墨炉中经过预先设定的干燥、灰化、原子化等升温程序使共存基体成分蒸发除去。同时在原子化阶段的高温下铅、隔化合物离解为基态原子蒸气，并对空心阴极灯发射的特征谱线产生选择性吸收。在选择的最佳测定条件下，通过背景扣除，测定试液中铅、隔的吸光度。

2.4.2.2 样品的制备

将采集的土壤样品（一般不少于 500g）混匀后用四分法缩分至约 100g。缩分后的土样经风干（自然风干或冷冻干燃）后，除去土样中石子和动植物残体等异物，用木棒（或玛瑙棒）研压，通过 2mm 尼龙筛（除去 2mm 以上的砂砾），混匀。用玛瑙研钵将通过 2mm 尼龙筛的土样研磨至全部通过 100 目（孔径 0.149mm）尼龙筛，混匀后备用。

2.4.2.3 方法适用范围

元　素	浓度范围/（mg/kg）
铜	1～20
铅	0.1～10
锌	0.5～20
镉	0.01～10
铬	5～20

2.4.2.4 仪器

（1）一般实验室常用仪器。

（2）AA240FS/GTA120 原子吸收光谱仪，或 contrAA700 连续光源火焰、石墨炉原子吸收光谱仪。

（3）乙炔气，氩气，空气压缩机。

2.4.2.5 试剂

除非另有说明，分析时均使用符合国家标准或专业标准的分析纯试剂、去离子水或同等纯度的水。

(1) 盐酸（HCl），$\rho=1.19\text{g/mL}$，优级纯。

(2) 硝酸溶液（HNO_3），$\rho=1.42\text{g/mL}$，优级纯。

(3) 硝酸溶液 1+5，用 3.2 制备。

(4) 硝酸溶液，体积分数为 2‰，用 3.2 制备。

(5) 氢氟酸（HF），$\rho=1.49\text{g/mL}$。

(6) 高氯酸（$HClO_4$）），$\rho=1.68\text{g/mL}$，优级纯。

(7) 磷酸氢二铵（$(NH_2)_2HPO_2$）（优级纯）水溶液，重量分数为 5%。

(8) 硝酸镧（$La(NO_3)_3\cdot 6H_2O$）水溶液，重量分数为 5%。

(9) 氯化铵（NH_4Cl）水溶液，重量分数为 10%。

2.4.2.6 分析步骤

1. 试剂的制备

准确称取 0.2~0.5g（精确至 0.0002g）试样于 50mL 聚四氟乙烯坩锅中，用水润湿后加入 10mL 盐酸，于通风橱内的电热板上低温加热，使样品初步分解，待蒸发至约剩 3mL 左右时，取下稍冷，然后加入 5mL 硝酸，5mL 氢氟酸，3mL 高氯酸。加盖后于电热板上中温加热 1h 后，开盖，继续加热除硅，为了达到良好的飞硅效果，应经常摇动坩埚。当加热至冒浓厚白烟时，加盖，使黑色有机碳化物分解。待坩埚壁上的黑色有机物消失后，开盖驱赶高氯酸白烟并蒸至内容物呈黏稠状。视消解情况可再加入 3mL 硝酸，3mL 氢氟酸和 1mL 高氯酸，重复上述消解过程，当白烟再次基本冒尽且坩埚内容物呈黏稠状时，取下稍冷，用水冲洗坩埚盖和内壁，并加入 1mL 硝酸溶液温热溶解残渣。然后将溶液转移至 50mL 容量瓶中，分析铜、锌样品时加入 5mL 硝酸镧溶液；分析铅、镉样品时加入 3mL 磷酸氢二铵溶液；分析铬样品时加入 5mL 氯化铵水溶液；冷却后定容至标线，摇匀，备测。

由于土壤种类较多，所含有机质差异较大，在消解时要注意观察，各种酸的用量可视消解情况酌情增减。土壤消解液应呈白色或淡黄色（含铁量高的土壤），没有明显沉淀物存在。

电热板温度不宜太高，否则会使聚四氟乙烯坩埚变形。

2. 测定

按照仪器使用说明书调解仪器至最佳工作条件,测定试液的吸光度。

3. 空白试验

用去离子水代替试样,采用和步骤1相同的步骤和试剂,制备全程序空白溶液。并按步骤2进行测定。每批样品至少制备2个以上的空白溶液。

4. 校准曲线

在200mL容量瓶中,用硝酸溶液稀释各元素标准溶液,配置5个工作标准溶液,其浓度范围应包括样品中被测元素的浓度。选取合适波长和调节火焰,按照步骤2测定。用测得的吸光度和相对应的浓度绘制校准曲线。

2.4.2.7 结果的表示

土壤样品中重金属的含量 W(mg/kg) 按下式计算:

$$W = \frac{c \cdot V}{m(1-f)}$$

式中 c——试液吸光度减去空白试验的吸光度,然后在校准曲线上查得重金属含量(mg/L);

V——试液定容的体积,mL;

m——称取试样的重量,g;

f——试样的水分含量,%。

本章思考题

1. 挥发酚和4-氨基安替比林反应生成什么颜色?催化剂是什么?
2. 亚甲基蓝测定水中硫化物的最低检出限是多少?
3. 高浓度的重铬酸钾测定化学需氧量的范围是多少?

第3章 仪器设备的操作和保养

3.1 红外分光测油仪

3.1.1 概述

3.1.1.1 仪器的用途

红外分光测油仪可用于地表水、地下水、生活污水、工业废水中的矿物油和动植物油以及饮食业油烟排放检测。

3.1.1.2 原理

红外分光测油仪是以"GB/T16488-1996 水质石油类和动植物油的测定红外光度法"（包括：红外分光光度法和非分散红外光度法）为依据，使用萃取溶剂，如四氯化碳按一定比例，将水中的油类萃取出来，再将萃取溶剂除水后导入分析池中，采用三波数红外分光光度法对萃取溶剂中的油类含量进行测定，再根据萃取比换算成水体中油类的含量。

3.1.2 仪器的工作条件

（1）电源 AC220V/500VA（仪器 50VA、电脑打印机 150VA）。

（2）室内温度要求为 5~35℃，相对湿度不超过 90%，不含有能腐蚀物品的物质。

（3）防止阳光直射、磁场干扰。

（4）产品避免接近强电场、磁场。

（5）室内坚固的工作平台。

3.1.3 仪器的操作程序

3.1.3.1 开机

打开电脑主机，手动打开仪器后部主机电源开关，仪器里的卤钨灯正常闪烁，仪器进入正常工作状态。

3.1.3.2 软件的运行

（1）在电脑桌面双击【JDS－109U】快捷方式图标，进入软件操作系统。

（2）在请输入密码的对话框中输入【04324676800】回车，或用鼠标左键点击右下角电话【4676800】字样，进入【JDS－109U 型红外分光测油仪操作系统】。

（3）点击【测量目标】中的【测量水体中的油】进入测量界面。

（4）点击【调整满度】打开暗盒盖，满度显示为 0（T%）。

（5）零点调整完成以后，放入装有合格的四氯化碳的比色皿，盖上暗盒盖调整满度至 65% 左右，如显示偏差过大，调整对话框中的【降】或【升】满度调整完成后点击【确定】退出【调整满度】功能。

（6）满度调整完成后点击【确定】出现水体中油界面，点左上角的【常规测量】命令键，出现【被测样品注册表】对话框。在该对话框中，点击【建立平台】检验四氯化碳的纯度。

（7）测量完成以后，合格的四氯化碳是没有锐锋出现的，其图形应达到合格四氯化碳标准图形。

（8）打开射流萃取装置电源开关，通过射流萃取装置萃取水体中的油，萃取完成后，将萃取器中的四氯化碳分离到比色皿中。

（9）测量样品时应注意取水样体积和萃取剂体积的输入值与实际所取体积相符。

（10）测量结束后，点击【打印】即可打印出报告。

3.1.3.3 关闭仪器

（1）退出【JDS－109U 型红外分光测油仪】操作系统，在电脑桌面上退出

USB 接口方式，关闭仪器后部主机电源开关。

（2）关闭电脑，关闭射流萃取装置电源。

3.1.3.4　仪器的期间核查的内容和方法

在期间核查的周期内对仪器的重复性及检出极限进行全谱扫描，要求浓度在 20~40mg/L 范围内，仪器重复性技术要求为 $RSD \leqslant 5\%$；检出限要求为空白 11 次测量，3 倍 $RSD \leqslant 0.2$。

3.1.3.5　仪器的检定

送计量部门检定，检定周期为一年，期间用标准样品标定。

3.1.3.6　仪器的维护

（1）每次使用以后，必须及时将样品槽擦拭干净。不允许在样品杯里长时间（超过 8h）存放水样。当天没有用完的水样，要排放干净。

（2）仪器外壳表面有试剂或水迹，应及时擦拭干净。

（3）每次使用以后，及时执行一次泵维护流程。

（4）每次使用完仪器后，应立即填写仪器使用记录。

3.2　气相色谱仪

3.2.1　概述

3.2.1.1　仪器组成

（1）气源部分，包括氮气钢瓶，氢气源发生器，空气源发生器。

（2）气相主机，包括氢火焰离子化检测器（FID、TCD）。

（3）计算机及色谱数据采集单位组成。

3.2.1.2　主要用途和特点

FID 为通用性检测器，可定性定量检测正构烷烃、多烷芳烃、脂肪酸等有机化合物。

TCD 为选择性检测器，可定性定量检测卤素、氧化物、醛类、硝基化合物。

Varian 气相色谱仪可广泛应用于环境污染物的鉴定、海洋基质（沉积物、植物、动物等）中有机物的测定、生化分析、医药治药物分析、毒物检测等。

3.2.1.3 工作原理

利用试样中各组分在气相和固定液液相间的分配系数不同，当汽化后的试样被载气带入色谱柱中运行时，组分就在其中的两相间进行反复多次分配。由于固定相对各组分的吸附或溶解能力不同，因此各组分在色谱柱中的运行速度就不同，经过一定的柱长后，彼此分离，按顺序离开色谱柱进入检测器，产生的离子流讯号经放大后，在记录器上描绘出各组分的色谱峰。

3.2.1.4 主要技术指标

（1）三通道气相色谱系统。

（2）温度范围：工作温度 5~450℃。

（3）FID：最高操作温度为 450℃，检测限为 2pgC/s，线性动态范围为 107 pgC/s；ECD：最高操作温度为 400℃，检测限为 50fg/s，线性动态范围为 104 pgC/s。

3.2.2 工作条件及安装

（1）仪器操作环境温度为 5~35℃，相对湿度 ≤85%，工作台面不受到振动的影响，室内无电磁干扰。

（2）安装：仪器开箱后，检查附件实物是否与清单相符，然后按使用手册要求，装入打印记录纸，将仪器放于规定的条件下，进行通电试验。

3.2.3 操作程序

（1）打开窗户，使室内空气良好流通。

（2）开气体：先开空气，载气（N_2、He）先开钢瓶阀再开减压阀，并确认事先是关闭状态，氢气设在 0.3MPa，载气设在 0.5MPa，空气设在 0.6 MPa。

（3）开电脑、色谱仪的电源开关，并激活 STAR 软件，使通信连通（3800 字样由白变黑）。

(4) 仪器会自动运行关机前的程序，即 CLOSE 程序，这时仪器处于待机状态。若以下要激活 TCD 程序，则要先通载气 5~10min。

(5) 在文件中 Actived Method 中找到相应的方法文件，如，PX-OFF 或 WL-OFF 激活。FID 检测器的温度升到 150℃ 以上后打开氢气，激活 PX-ON 程序文件；TCD 检测器温度升到设定值时打开 WL-ON 程序文件，并稳定半小时以上。

(6) 当屏幕上的状态指示灯全部为绿色时，用鼠标点小药瓶的图标，按 OK 后，在 Sample name 中输入名字。选择测试类型，默认为 Analysis，如果是标定就选择 Calibration 再按 Inject。

(7) 等待仪器再次平衡时，屏幕上显示 WAITING，就可以注样。如果使用同一个进样针，在每次注样前要用待测液体润洗 20 次，必要时需要在润洗前用氯仿（色谱级）等溶剂清洗干净，以免影响分析结果。

(8) 等待程序运行完毕后，打开控制条上 View/Eidt Chromatograms，进行谱图处理。如果出现峰异常，请参考日常维护手册查找原因进行处理，通过校正溶液获得校正因子，并用校正因子对样品图进行校正处理。

(9) 点击控制条上的 Standard Report，选择刚才命名的文件打开就可以查看结果。如果需要打印，就点击打印机图标。

(10) 关机程序：在启动关机程序前先关闭氢气，并确认氢气钢瓶阀、减压阀压力降至为 0MPa。再激活 CLOSE 程序，等柱温降到 50℃ 以下及进样器、检测器（FID）温度降到 100℃ 以下，依次关气体、仪器主机、电脑，然后关闭电源总开关。关闭仪器主机前确认气体压力已降为零。

如果是 TCD 检测器，需要等检测器温度降至 50℃ 以下，再继续通载气 10min 左右后关闭气体。关闭阀门时和开阀门顺序一样。

(11) 整理实验室。

(12) 注意事项。

① 在启动开机程序前确保相应的气体开通，在使用 TCD 检测器时一定要确保载气流通时间，避免因高温氧化检测器（热丝氧化）；在使用 FID 检测器时先通载气、空气再通氢气。严禁先开减压阀后开钢瓶阀，以免损坏电子流量计。

② 在正常使用仪器的时候，除了可以使用仪器的电源开关外请不要动面板上的任何键，以免改动仪器参数或分析方法参数。

③ 未经许可，请不要擅自修改设置参数，以免影响分析结果。

④ 在使用 FID 检测器时，待检测器温度升到 150℃ 以上后打开氢气再激活 PX – ON 程序。在使用 TCD 检测器时，待机至少通载气 5min 以上（更换柱子时至少通 10min 以上）再激活 WL – OFF，等检测器温度升到设定温度再打开 WL – ON，本操作不可忽视。以免损害检测器。

⑤ 在打开钢瓶时注意载气压力表上的"虚压"，打开仪器后几分钟内压力出现下降时，需要及时调整压力。关闭气体时，先关闭钢瓶阀等待钢瓶压力降为零时再关闭减压阀，等减压压力降为零后，如果是氢气就启动关机程序，若是载气就及时关闭主机。

⑥ 进样时，慢吸快排，确保没有气泡产生。注样时，谨慎操作，防止折断进样针。

⑦ 仪器运行时，严禁打开柱温箱。平时需要打开柱温箱时，先关风扇再打开，关闭时先打开风扇。

3.2.4 仪器维护、日常管理

（1）按仪器设备操作规程对设备通电运行。

（2）检查基线漂移：基线稳定后在 30min 基线漂移量。

（3）检查灵敏度：待基线稳定后，自动进样器进样，连续进样 10 次，计算保留时间及峰面积的变异系数 RSD。

（4）每次测量后，及时填写记录。

3.2.5 注意事项

（1）开机应严格遵循先开气，后开电源加热的原则。

（2）关机应先关电源，后关气。

（3）空气压缩机要定时放水，氢气发生器注意蒸馏水位不能低于下限。

（4）连续分析时必须等到峰出完以及准备灯亮后才能进行下一个试样的

分析。

(5) 标样进样器与试样的进样器应单独使用不能混用。

(6) 禁止擅自更改操作条件及参数（如温度、流量、压力、时间等）。

(7) 注射样品时要迅速。延时则会造成分析数据的偏差。

3.3 复合式气体检测仪

3.3.1 简介

AreaRAE 复合式气体检测仪是一个便携式的检测器，它可以提供实时检测并当暴露值超限时启动警报信号。AreaRAE 有编程功能并可容纳 1~5 个传感器可在危险环境中用于检测有毒气体、氧气和可燃性气体。根据安装的不同传感器，AreaRAE 可以检测以下项目。

(1) 硫化氢：安装 10.6eV or 11.7eV UV PID 传感器。

(2) 二氧化硫：针对待测物质特定的电化学传感器。

(3) 可燃性气体：催化传感器测量 0~100 的 LEL。

(4) 氧气浓度：电化学传感器。

AreaRAE（PGM-5020）包括：AreaRAE 主机、检测器（最多带 5 个传感器）；碳过滤膜（仅用于安装 CO 传感器的仪器）；校正连接器、进气管；肩带、硬质携带箱、工具包；可充电锂离子电池、充电器、碱性电池适配器（不含电池）；10 个水阱过滤器、Teflon 管；清洗包（仅用于安装了 PID 的仪器）、操作和维护手册。

3.3.2 操作

AreaRAE 提供了 3 种不同的操作模式：Text Mode，文本模式；Display Mode，显示模式；Program Mode，编程模式。

1. 文本模式

仪器开启后显示气体瞬时读数和传感器名称。用户可以通过按［MODE］键浏览瞬时气体浓度值和电池电压或是进入与 PC 通信菜单。用户也可以从文本模式进入校正菜单校正仪器,但是不能更改里面的参数。

依次循环显示以下 4 项信息:

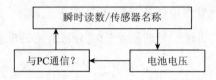

2. 显示模式

显示模式包含了文本模式中的所有信息,此外还有其他的选项如下所示,按[MODE]键进入每一级显示内容。

(1)瞬时读数:气体的现时读数,有毒气体和 VOC 气体以百万分之一(ppm)为单位,氧气以体积百分比(%)为单位,可燃性气体以 LEL 百分比(%)为单位。所有读数每秒更新一次。

TOX1	VOC	TOX2
CO	VOC	H2S
LEL		OXY
LEL		OXY

(2)传感器名称显示:

SO_2、H_2S——1~2 个有害气体传感器;

VOC——PID 传感器;

LEL——可燃性气体传感器;

OXY——氧气传感器。

(3)峰值:仪器开启后测得的每种气体的最大浓度值。读数每秒更新一次,并在显示屏上标注"Peak"(峰值)。

TOX1	VOC	TOX2
5	2.0	3
10	Peak峰值	20.9
LEL		OXY

(4)最小值:从仪器开启后测得的每种气体的最小浓度值。读数每秒更新一次,并在显示屏上标注"Min"(最小值)。

TOX1	VOC	TOX2
0	0.0	0
0	Min最小值	19.9
LEL		OXY

第3章 仪器设备的操作和保养

（5）STEL 读数：该读数仅对 VOC 和有毒气体有效。这是最后 15min 气体浓度的平均值。读数每分钟更新一次，并在显示屏上标注"STEL"。

注意：仪器开启后最初 15min 内显示为"＊＊＊＊"。

```
TOX1          VOC         TOX2
 ****         ****        ****
              STEL
LEL                        OXY
```

（6）TWA 读数：该读数仅对 VOC 和有毒气体有效。这是在仪器开启后 8h 内气体浓度的累计值。读数每分钟更新一次，并在显示屏上标注"TWA"。

```
TOX1          VOC         TOX2
 0            0.0          0
              TWA
LEL                        OXY
```

（7）电池电压：当前的电池电压（V）值。读数每秒更新一次同时显示关机电压。

注意：完全充电时的电压应为 7.7V 或更高。当电池电压低于 6.6V 时，屏幕闪动"Bat"（电池）警告，此时大约还可以连续工作 20～30min。当电池电压低于 6.4V 时，仪器将自动关闭。

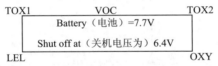

（8）运行时间：仪器开启以后的运行时间累计。每分钟数据更新一次，并显示当前日期、时间和温度。

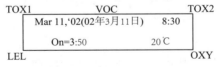

（9）数据采集菜单：显示当前数据采集模式。如果选择了手动模式，仪器将提醒客户开启或关闭数据采集。屏幕提示"Start Datalog?"（开始数据采集？）时，按[Y/＋]键开始数据采集。同样地，当提示"Stop Datalog?"（停止数据采集？）时，按[Y/＋]键停止数据采集。

（10）如果已安装了可燃气体和 PID 传感器，仪器将显示 LEL 和 VOC。如果选择了特定的 LEL 或 VOC 种类，则仪器将显示特定的 LEL 或 VOC 的名称和通过内设的校正系数计算得出的该气体浓度。

（11）"Communicate with PC?"与计算机通信：用户可以将 AreaRAE 中的数据上传到计算机中，也可以从计算机下载设置信息到 AreaRAE 上。

按［Y/+］键，信息"Monitor will pause, OK?"（仪器监测将暂停，可否？）提示用户在仪器与计算机通信过程中，将停止实时监测气体浓度。

按［Y/+］键继续，仪器进入通信等待状态。显示屏第一行显示"Ready…"（准备…），第二行显示"Turn radio off!!"（关闭无线通信!!）。

将仪器连接到计算机的串口后，即可随时准备从计算机上获得任何指令。继续按动［MODE］键返回上级显示菜单。

3.3.3 维护保养

维护保养部件如图 3-3-1 所示。

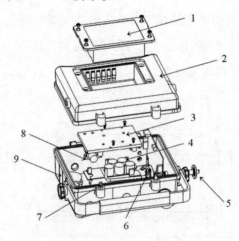

图 3-3-1 AreaRAE 主要部件

1—电池盒；2—后盖；3—走气板；4—传感器；5—水阱过滤器、

6—内置水阱过滤器；7—螺丝；8—泵；9—前盖

3.3.3.1 更换电池

当仪器显示"Bat"时，此时仪器应该尽快充电。如果需要，可以在现场（已知的非危险环境）更换电池。建议仪器从现场回来后一直充电，完全充满的电池可以连续使用大约24h。对于完全放电的电池充电时间大约为10h，仪器内置的充电电路采用两步恒压/恒流充电方式以避免过度充电。

3.3.3.2 更换传感器

毒气、可燃气和氧气传感器都有一定的寿命。正常使用情况下，在超过使用寿命以后，大多数传感器都会损失一定的灵敏度而需要更换。

AreaRAE仪器的储存器中会储存每一个传感器的制造日期。在诊断模式下，微处理器将检查传感器的日期码并显示每一个传感器的失效时间。如果传感器超过了失效时间，用户就需要更换上新的传感器。

传感器更换过程：AreaRAE仪器中氧气和可燃气体的传感器的插座同其他的传感器有所不同。而两个有毒气体的插座允许用户更换任何华瑞公司所提供的有毒气体传感器。

（1）关闭AreaRAE电源。

（2）取下电池盒（可更换电池座）。

（3）如图3-3-2所示，旋出螺丝，打开仪器上盖。

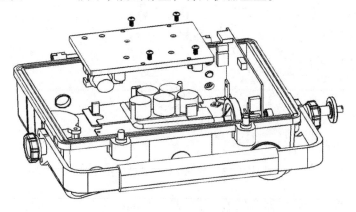

图3-3-2 AreaRAE的传感器室

（4）小心旋出压住走气板、PCB和传感器的4个2#螺丝，取下走气板。

（5）确认传感器的位置，向上轻缓地拔出需要更换的传感器。

（6）将新传感器放在空的传感器插座上，确认传感器标签上的黑线与电路板上的白色标记对齐，传感器的针脚也与插座针脚对准，按下传感器。

(7) 盖好走气板，旋紧 4 个螺丝压住传感器。安装好电池座，盖上仪器盖。

(8) 打开 AreaRAE 仪器电源，仪器中的微处理器将自动识别所安装的传感器并且设置相应的参数。

3.3.3.3 清洗 PID 传感器

本节仅适用于装有 PID 检测器的仪器。正常操作时，在 PID 传感器模块和紫外灯内，会积累一层被检测气体的沉积膜。该膜的形成速率与被检测气体的浓度与种类相关。建议用户仅在 PID 出现故障时，对 PID 传感器模块和灯进行清洁。

如图 3-3-3 所示，传感器模块由几部分组成并紧附在灯座上。

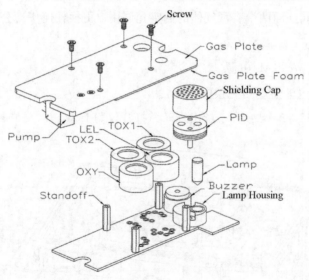

图 3-3-3　AreaRAE 传感器装配详图

若灯未能打开，仪器会显示出错信息"Lamp"（灯），提示用户必需清洁或更换灯。定期对灯的工作进行清洁，将除去薄膜沉积物并恢复灯的灵敏性。当清洁灯工作窗的表面时，须特别小心谨慎，以免造成元件的损坏。

(1) 关闭 AreaRAE 仪器电源。确保仪器与充电器断开连接，然后取下电池盒。

(2) 参阅图 3-3-2，从仪器顶部旋下固定仪器前后盖的 2 个螺丝，打开仪器。

（3）参阅图3-3-2和3-3-3，小心旋出压住走气板、PCB和传感器的4个2#螺丝，取下走气板。

（4）取下PID传感器的防护盖，轻轻拔出PID传感器。传感器由Teflon和不锈钢材料制成。

（5）将PID传感器浸入分析纯甲醇，建议最好用超声波清洁传感器至少3min，然后彻底干燥传感器。

（6）若灯不需更换，用棉签蘸分析纯甲醇，清洁灯的平窗表面。如果灯无法开启，则取下UV灯。

（7）在安装新灯时，应避免与灯的平窗表面接触。

（8）重新装上PID传感器及其防护盖。

（9）参阅图3-3-2和3-3-3，装上进气板，并上紧4个螺丝，以固定住传感器。

（10）旋紧外盖顶部的螺丝，固定仪器的前后盖。

（11）重新连接电池盒。

3.4 原子吸收光谱仪

3.4.1 仪器结构

AA240FS/GTA120原子吸收光谱仪主要由光源、石墨炉原子化器、光学系统、单色器、检测器、电子线路、计算机系统、冷却水系统组成。

3.4.2 技术参数

灵敏度：5ppm（Cu）大于0.9Abs；精密度：RSD小于0.5%背景校正；氘灯波长范围：185~900nm；

狭缝：0.2nm，0.5nm，1.0nm三挡；0.5nm挡可减低高度。

3.4.3 仪器操作

3.4.3.1 Varian AA240FS（火焰法）

（1）辅助系统检查。

① 打开空压机，出口压力调节到 350 kPa 左右。

② 打开乙炔瓶，出口压力调节到 75kPa 左右。乙炔气压力如低于 700 kPa，请更换钢瓶，防止丙酮溢出。

（2）通电。

① 打开通风系统

② 开仪器电源。

③ 开计算机，进入操作系统。

（3）运行。

① 启动 SpectrAA 软件，进入"仪器"页面，单击"工作表格""新建..."，出现"新工作表格"窗口，在此输入方法名称，并按"确定"，进入工作表格"建立"页面。

② 按"添加方法"，在"添加方法..."窗口里，选择要分析的元素（注意方法类型），按"确定"。重复此步，直到选择完所有待分析元素。

③ 如果以多元素快速序列分析，按"快速多元素 FS..."，进入 FS 向导，一直按"下一步"，直至"完成"。

④ 按"编辑方法..."进入方法窗口。

⑤ 在"类型/模式"中，将每一个元素"进样模式"选为"手动"。并注意火焰类型是否为软件默认类型，否则需更改与仪器使用的火焰一致（从窗口下边进行元素切换）。

⑥ 在"光学参数"中，设定并对应好每一个元素的灯位（从窗口下边进行元素切换）。

⑦ 在"标样"中，输入每一个元素的标样浓度（从窗口下边进行元素切换）。

⑧ 按"确定"，结束方法编辑。

⑨ 按"分析"进入工作表格的分析页面。

⑩ 按"选择",选择你要分析的样品标签(使要分析的标签变红),此时,"开始"或"继续"按钮将变实,再按"选择",确认所选择的内容。

⑪ 按"优化",选择你要优化的方法后按"确定",并按提示进行操作,确保每一个元素灯安装和方法设定一致。优化完毕后,按"取消"完成优化。

⑫ 按"开始",按软件提示进行点火,检查,并按软件提示安装灯,切换灯位以及提供空白,标样和样品溶液,直至完成分析。

(4) 报告。

① 单击"视窗""报告",进入报告工作窗口的"工作表格"页面。

② 选择已分析的方法表格名称,按"下一步"进入"选择"页面。

③ 选择所分析的标签范围,按"下一步"进入"设置"页面。

④ 设置所需要报告的内容,再按"下一步"进入"报告"页面。

⑤ 按"打印报告…",打印完毕。按"关闭",返回工作报告窗口。

(5) 关机。

① 样品做完后,吸蒸馏水 3~5min,清洗雾化器系统。

② 关闭乙炔气瓶阀(若火焰已经熄灭,则按"点火"按钮,让火焰自然熄灭,将管路中的乙炔放掉)。

③ 关闭空压机。

④ 关闭所有被打开的窗口并退出 SpectrAA 软件。

⑤ 关闭仪器电源和计算机。

⑥ 关闭通风系统。

⑦ 如必要,清空废液容器,按照相应手册拆卸、清洗并维护附件。

3.4.3.2 Varian GTA120(石墨炉法)

(1) 辅助系统检查。

① 打开冷却水系统,水温 20℃(冬天),水温 25℃(夏天),压力在 30psi 左右。

② 打开氩气瓶,出口压力调节到 140~200kPa。

（2）通电。

① 打开通风系统。

② 开附件和外设电源。

③ 开仪器电源。

④ 开计算机，进入操作系统。

（3）运行。

① 启动 SpectrAA 软件，进入"仪器"页面，单击"工作表格""新建…"，出现"新工作表格"窗口，在此输入方法的名称，并按"确定"，进入工作表格的"建立"页面。

② 按"添加方法"，在"添加方法…"窗口里，选择你要分析的元素（注意方法类型），按"确定"。重复此步，直到选择完所有待分析元素。

③ 按"编辑方法…"进入方法窗口。

④ 在"光学参数"中，设定并对应好每一个元素的灯位（从窗口下边进行元素切换）。

⑤ 在"标样"中，输入每一个元素的标样的浓度（从窗口下边进行元素切换）。

⑥ 在"进样器"中，指定每一个元素的"母液位置""制备液位置"和"母液浓度"，并观察标样浓度表中是否有红色的进样器不能配制出的浓度，如有，按"更新方法浓度"，再按"是"。

⑦ 按"确定"，结束方法编辑。

⑧ 按"分析"进入工作表格的"分析"页面。

⑨ 按"选择"，选择你要分析的样品标签（使要分析的标签变红），此时，"开始"或"继续"按钮将变实。再按"选择"，确认所选择的内容。

⑩ 按"优化"，选择你要优化的方法后按"确定"，并按提示进行操作，确保元素灯安装和方法设定一致。优化完毕后，按"取消"完成优化。

⑪ 按"开始"，按软件提示进行检查，并按提示提供空白，标样和样品溶液。直至完成分析。

（4）报告。

① 单击"视窗""报告",进入报告工作窗口的"工作表格"页面。
② 选择刚才分析的方法表格名称,按"下一步"进入"选择"页面。
③ 选择你所分析的标签范围,按"下一步"进入"设置"页面。
④ 设置你所需要报告的内容,再按"下一步"进入"报告"页面。
⑤ 按"打印报告…",打印完毕,按"关闭",返回工作报告窗口。
(5) 关机。
① 关闭氩气或氮气。
② 关闭冷却水系统。
③ 关闭所有被打开的窗口并退出 SpectrAA 软件。
④ 关闭所有附件电源。
⑤ 关闭仪器电源和计算机。
⑥ 关闭通风系统。

3.4.4 仪器保养

(1) 经常对仪器工作状况作检查。
(2) 分析完毕后,对仪器加防尘套。

3.5 精密酸度计

3.5.1 仪器的安装

仪器电源为 220V 交流电。仪器的电源插头如与用户规格不符时,可以自行调换合适的插头,插头中的接地线绝对不能与其余两根电源线接错。仪器使用时,把仪器机箱支架撑好,仪器与水平面成 30°。在未用电极测量前应把配件 Q9 短路插头插入电极插口内,这时仪器的量程放在"6",按下读数开关调定位纽,使针指在中间 pH7,表明电极工作基本正常。

3.5.2 电极安装

把电极杆装在机箱上(如电极杆不够长可以把接杆旋上),将复合电极插在塑料电极夹上。把此电极夹装在电极杆上，将 Q9 短路插头拔去，复合电极插头插入电极插口内，电极在测量时，把电极上近电极帽的加液口橡胶管下移使小口外露，以保持电极内 KCl 溶液的液位差。不用时，橡胶管上移将加液口套住。

3.5.3 pH 校正（二点校正方法）

由于每支玻璃电极的零电位转换系数与理论值有差别，而且各不相同。因此，进行 pH 值测量时，必须先对电极进行 pH 校正。

pH 校正的操作过程如下。

（1）开启仪器电源开关。如要精密测量 pH 值，应在开电源开关 30min 后进行仪器的校正和测量。将仪器面板上的"选择"开关置"pH"挡，"范围"开关置"6"挡，"斜率"旋钮顺时针旋到底（100%处），"温度"旋钮置此标准缓冲溶液的温度。

（2）用蒸馏水将电极洗净以后，用滤纸吸干。将电极放入盛有 pH7 的标准缓冲溶液的烧杯内，按下"读数"开关，调节"定位"旋钮，使仪器指示值为此溶液温度下的标准 pH 值（仪器上的"范围"读数加上表头指示值即为 pH 指示值）。在标定结束后，放开"读数"开关，使仪器置于准备状态，此时仪器指针在中间位置。

（3）把电极从 pH 7 的标准缓冲溶液中取出，用蒸馏水冲洗干净，用滤纸吸干。根据要测 pH 值的样品溶液是酸性（pH 7）或碱性（pH 7）来选择 pH 4 或 pH 9 的标准缓冲溶液。把电极放入标准缓冲溶液中，把仪器的"范围"置"4"挡（此时为 pH 4 的标准缓冲溶液）或放置"8"挡（此时为 pH 9 的标准缓冲溶液）按下"读数"开关，调节"斜率"旋钮，仪器指示值为该标准缓冲溶液在此溶液温度下的 pH 值，然后放开"读数"开关。

第4章 技术方案及报告编制

4.1 环境监测技术方案编制

4.1.1 方案编制资料收集

4.1.1.1 方案编写依据

收集普光气田环境监测项目开展的工作依据。包括：

(1) 开展监测工作的文件规定、通知、指令等；

(2) 监测工作中涉及的国家、行业、企业的环保管理规定、规章制度等；

(3) 项目工程的施工设计资料，包括项目基本情况、主要施工工艺流程以及产污环节分析资料等；

(4) 监测技术方法、执行标准等资料。

4.1.1.2 环境背景资料

应收集监测所在地的环境资料，包括：

(1) 监测区域内的地理位置、地形、地貌状况；

(2) 项目施工环境影响区域内敏感点分布，包括居民、学校、医院等敏感点分布概况。

4.1.2 方案编制程序

4.1.2.1 编写程序

技术人员汇总收集到的各种调查资料、调查数据、现场图片等，进行分析整理，确定监测布点位置，编写技术方案初稿，并经修改完善。

4.1.2.2 审核程序

（1）方案的站内审核：技术方案初稿先交由站技术负责人审核，技术负责人提出修改意见，编制人员进一步修改、完善，再交由站长审核、修改、上报。

（2）二级单位审核：监测站编制的重要监测方案，需提交分公司HSE监督管理部、应急救援中心进行审核。具体征求HSE监督管理部环保管理科的修改意见和应急救援中心相关部门的修改意见。

（3）分公司审核：监测站完成的重要监测方案，必要时提交分公司领导审核。具体征求分公司分管领导、分公司总工等领导的修改意见或批示。

4.1.3 技术方案格式

4.1.3.1 试气放喷环境监测方案格式

（1）文本结构。

试气监测方案结构按顺序分为"封面、扉页、内封一、目录、正文"5部分。

① 封面：包括密级、技术方案名称、编制单位、编制日期。

② 扉页：包括密级、技术方案名称、编制单位、编制日期。

③ 内封一：包括编写单位、编写人、审核人、审查单位、审查人、审批单位、审批人、组织实施单位。

④ 目录：列出内容中主要条目的标题。

⑤ 正文：按照技术方案的内容格式编写。

（2）方案内容。

① 项目来源：概述监测项目的任务来源，主要包括试气投产的环保管理规定和要求、委托单位、监测井位、监测目的及意义。

② 监测任务：概述项目的监测范围、监测要求，主要包括监测井位、监测时段、监测范围、监测类别、监测布点以及特殊情况处理等技术要求。

③ 监测依据：列出与试气放喷作业环境监测有关的标准和技术规范。

④ 周边环境和试气工程概况：

a）试气井周边环境概况：主要包括试气井平台所处的地理位置、平台周边地形、地貌和环境状况等；试气井所处区域的气象特征和概况；试气井平台周边2km范围内居民人口、学校、基本农田等环境敏感点分布情况，并附周边2km范围内环境敏感点分布图。

b）试气井工程概况：主要应包括试气井工程基本情况，主要包括井别、井口坐标、井深、气藏的H_2S和CO_2含量等；试气井的试气工程概况，包括不同工艺过程产生的主要污染物、排放情况以及环境保护措施等。

⑤ 监测项目：主要应包括大气中SO_2、H_2S浓度的监测和周围生态环境调查，同时调查试气工况；根据需要确定其他监测要素和项目，如降水监测、地表水、地下水、井场污水、土壤监测等。

⑥ 监测方法、仪器和质量要求：应包括各监测项目采用的监测方法、涉及的主要仪器设备和质量控制要求等内容。

⑦ 监测点位布设。

应包括监测点位的布设要求，监测点位的确定。监测范围和监测点位布设应考虑以下几方面要求。

a）根据污染物扩散模式和以往监测资料，预测井场上空主导风向影响下的污染物地面最大落地浓度、落地距离。

b）根据井场周边地形地貌、海拔高度、烟气抬升高度、近期主导风向和大气稳定度等资料，分析判断大气污染物扩散去向、影响范围等。

c）污染物扩散主要影响方向为大气监测重点布控区域，兼顾主导风向的侧风向区域。监测仪器一般布控在环境敏感点，包括居民点、学校、医疗卫生所、基本农田、农作物等。

d）根据现有监测仪器数量力求优化布点，留有备用大气监测仪器2台，备用仪器用于加密监测或调换故障仪器。

e）地表水、降水和土壤等监测应选择有代表性的区域和点位进行。

⑧ 监测方法、仪器和质量要求：明确各监测项目采用的监测方法、涉及的主要仪器设备和质量控制要求等内容。

⑨ 监测结果的报告：监测过程中的实时监测报告应包括正常报告、异常报告、关井报告、开井报告4种类型，应分别规定各类型的报告条件、方式和程序。

⑩ 人员组织及实施：包括试气监测的组织机构，如领导小组、技术组、现场监测组，列出各组人员名单、工作职责及联系电话；安排试气监测人员和监测用车，布置试气期间监测人员、车辆的具体工作，包括布控时间、布点路线、仪器维护人员和巡检人员调配等；考虑实施过程中的各种安全风险因素，合理安排工作进度。

⑪ 安全措施与应急处置：对监测人员在监测期间做出安全防护要求；对监测现场可能出现的紧急情况做出应急处置安排。

4.1.3.2 环境应急监测及监护方案格式

（1）文本结构。

应急监测监护方案结构按顺序分为"封面、内封一、目录、正文"4部分。

① 封面：包括密级、监测方案名称、编制单位、编制日期。

② 内封一：包括编写单位、编写人、审核人、审查单位、审查人、审批单位、审批人、组织实施单位。

③ 目录：列出内容中主要条目的标题。

④ 正文：按照监测方案的内容格式编写。

（2）方案内容。

① 任务来源：概述应急监测及监护任务来源，主要包括应急事件的起因，可能的影响范围，开展监测监护的目的及意义。

② 编制目的：概述制定监测方案的必要性，包括监测时段、监测范围及监测要求等内容。

③ 编制依据：列出与安全、环保有关的环境监测标准和技术规范。

④ 环境背景调查。

a）监测点周边环境概况：主要包括监测点的地理位置、周边地形地貌和环境敏感点分布等。

b）应急事件概况：主要包括应急事件的产生地点、发生发展情况，有无

H_2S 和 SO_2 等有毒有害物质泄漏，产生环境污染物的主要工艺过程，现有的环境保护措施等。

⑤ 组织机构及职责：明确应急监测的组织机构，包括领导小组、技术组、现场监测组，列出各组人员名单、工作职责及联系电话。

⑥ 监测内容：根据应急事件的性质，确定相应的监测内容。主要应包括大气中 SO_2、H_2S 浓度的监测，按照应急事件的不同需要选择相应的监测仪器和项目，必要时增加降水、地表水、地下水、井场污水、噪声、固废、土壤等监测内容。应详细列举出每项监测布点位置、监测项目和频次、采样仪器和分析方法等内容。

⑦ 结果报告：应根据应急监测特性，安排监测过程中数据报告程序和频次。一般情况下，正常数据 1~2h 报告一次，出现异常数据及时汇报。应急监测监护结束后，编写监测汇报、汇总材料，及时上报。

⑧ 监测实施：安排应急监测人员和监测用车，布置应急监测期间监测人员、车辆的具体工作，包括应急监测出动时间、携带仪器物品、出动路线、长时间监测监护情况下人员的调配等。考虑实施过程中的各种安全风险因素，合理安排监测监护人员数量和工作进度。

⑨ 安全措施与应急处置：对应急监测监护人员应该严格要求个人安全防护，做好应急出动前的安全防护准备。对监测现场可能出现的紧急情况进行预测，并作出应急处置安排。

4.1.3.3 环境质量监测方案格式

（1）文本结构。

环境质量监测方案结构按顺序分为"封面、内封一、目录、正文"4 部分。

① 封面：包括密级、监测方案名称、编制单位、编制日期。

② 内封一：包括编写单位、编写人、审核人、审查单位、审查人、组织实施单位。

③ 目录：列出内容中主要条目的标题。

④ 正文：按照监测方案的内容格式编写。

（2）方案内容。

① 项目来源：概述监测项目的任务来源，主要包括环境大气监测的环保管

理规定和要求、委托单位、监测地点、监测目的及意义。

② 监测任务：概述项目的监测要求，主要包括监测项目、地点、监测时段以及特殊情况处理等技术要求。

③ 监测依据：列出与环境空气监测有关的标准和技术规范。

④ 监测项目：主要描述监测大气中 SO_2、H_2S、NO_2、TSP 等项目。

⑤ 监测方法、仪器和质量要求：应包括各监测项目采用的监测方法、涉及的主要仪器设备和质量控制要求等内容。

⑥ 监测结果的报告：报告按照要求出具样品分析单按规定各类型的报告条件、方式和程序报告。

⑦ 人员组织实施：包括环境监测的组织机构，如领导小组、现场监测组、室内分析组，列出各组人员名单、工作职责及联系电话；安排现场监测人员和监测用车，布置环境大气采样期间监测人员、车辆的具体工作，包括采样时间、采样路线、采样人员调配等；考虑实施过程中的各种安全风险因素，合理安排工作进度。室内分析人员及时分析当天采集的样品并报告监测数据。

⑧ 安全措施与应急处置：对监测人员在监测期间做出安全防护要求；对监测现场可能出现的紧急情况做出应急处置安排。

4.2 环境监测技术报告编制

4.2.1 报告编制资料收集

4.2.1.1 报告编写依据

收集普光气田环境监测项目开展的工作依据，包括：

（1）开展监测工作的文件规定、通知、指令等；

（2）监测工作中涉及的国家环保部、中石化集团公司、中原油田分公司、普光分公司的环保管理规定、规章制度、通知等；

（3）项目施工设计资料，包括项目基本情况、施工设计的主要工艺流程、产污环节分析、项目施工过程及工况等记录；

(4) 监测技术方法标准等资料;

(5) 环境质量标准、污染物排放标准等资料。

4.2.1.2 环境背景资料

应收集监测所在地的环境概况资料,包括:

(1) 监测地地理位置、周边自然环境概况,调查监测区域内的地形、地貌状况;

(2) 监测区域的气象、水文地表水文特征、区域内动植物分布特征;

(3) 监测区域环境敏感点分布概况,调查区域内及边界 500m 范围内的居民、学校、医院等敏感点分布概况。

4.2.2 报告编制程序

4.2.2.1 编写程序

技术人员汇总收集到的各种调查资料、监测数据、现场调查图片等,进行分析整理、计算、评价,初步形成报告结论。着手编写初稿,初稿须经自我修改、补充、完善。

4.2.2.2 审核程序

(1) 报告的站内审核:报告初稿先交由站技术负责人审核、修改,技术负责人提出修改意见,编制人员进一步修改、完善,再交由站长审核、修改、上报。

(2) 二级单位审核:监测站完成的相关技术报告,需提交分公司 HSE 监督管理部、应急救援中心进行审核、修订。具体征求 HSE 监督管理部环保管理科的修改意见和应急救援中心相关部门的修改意见。

(3) 分公司审核:监测站完成的相关技术报告,必要时提交分公司领导审核。具体征求分公司环保分管领导、分公司总工等领导的修改意见或批示。

4.2.3 技术报告格式

4.2.3.1 试气放喷环境监测技术报告格式

（1）报告结构。

试气监测技术报告结构按顺序分为"封面、扉页、概要、目录、报告正文、附件"6部分。

① 封面：包括密级、报告编号、报告名称、编制单位全称、编制日期。

② 扉页：包括报告编号、报告名称、编制人、审核人、批准人。

③ 概要：概要是对报告的核心内容进行概括描述。包括以下内容：监测项目的名称、现场监测日期、监测地点、监测的主要内容与主要工作量，主要监测结果，监测结论及建议。

④ 目录：目录所列的内容按章、节、附件的顺序列出完整的标题。

⑤ 报告正文：按照技术报告的内容格式编写。

⑥ 附件：包括相关图件。

（2）报告内容。

① 项目概况：主要内容包括任务来源、监测对象、监测时间、监测目的以及监测依据。

② 环境概况：包括地理位置、自然概况、环境敏感点分布概况等内容描述。应有监测区域内的地理位置、自然概况、气候、气象特征，以及监测区域内及周边主要环境敏感点的相对位置，并应附有地理位置等相关图件。

③ 试气工艺和工况：包括试气井基本情况、试气施工设计的主要工艺流程、施工过程工况等的描述。

④ 试气期间的气象条件：应结合试气工况，对试气期间的天气状况、气温、降雨和风向、风速等进行表述和统计分析，绘制风向玫瑰图、空气温度分布图、降雨分布图。

⑤ 试气监测与结果分析：应包括监测概况、监测方案实施情况、监测结果与分析等三部分内容。监测概况应简要说明监测工作的组织情况、监测人员和设备、监测时间和内容以及完成的主要工作量。绘制试气监测点位布设图及实施过

程中调整的点位布设图。

监测结果与分析应根据开展的监测项目分析监测结果的特征和规律。空气监测应结合特征监测浓度出现频率、监测点位距井场的距离和方位和试气工况阶段以及气象、地形条件进行监测结果的分析，总结监测结果的分布特征、监测峰值的分布情况，形成监测小结。地表水、降水监测应根据监测结果或监测统计结果，应分析试气前后水质变化情况，说明试气对水质的影响和原因，形成小结。应附有水质监测结果表或监测结果统计表。生态调查应对井场周围试气前后的生态环境的调查走访情况和主要敏感植物生长对比拍照情况进行汇总、分析，说明试气对周围生态环境的影响和原因，形成小结。对于出现明显影响的敏感植物，应附有试气前后典型对比图片。

⑥ 结论与建议：监测结论应包括试气环境监测任务完成情况、试气对周围环境的影响状况两个方面的内容。建议应根据试气环境监测过程中存在的问题和试气过程中影响周围环境的主要因素有针对性地提出，应具有可操作性。

4.2.3.2 环境质量报告书格式

（1）报告结构。

环境质量报告书结构按顺序分为"封面、扉页、前言、目录、报告正文"5部分。

① 封面：包括报告年份、报告名称、编制单位全称、编制日期。

② 扉页：包括批准单位、主编单位、编写小组、审核人、审定人。

③ 前言：描述报告编制任务来源及编制要求，编制过程有关情况的说明等。

④ 目录：目录所列的内容按章、节、附件的顺序列出完整的标题。

⑤ 报告正文：按照报告书的内容格式和要求编写。

（2）报告内容。

① 概况：包括环境背景状况、环境保护和环境监测工作概括。主要内容包括自然环境概况、社会环境概况、环境质量概况，以及当年环境监测工作和环境保护工作的描述。充分利用调查获取的背景资料。

② 环境空气质量：包括监测概况和评价方法的说明，空气质量数据统计及现状评价，描述空气质量变化规律，并提出评价结论，附相关图件。

③ 地表水环境质量：包括监测概况和评价说明，进行数据统计及现状评价，对比分析地表水质量变化状况，并提出评价结论，附相关图件。

④ 地下水环境质量：包括监测概况和评价说明，进行数据统计，评价地下水质量现状，提出评价结论。若有饮用水，还需进行饮用水源地水质状况的评价，附相关图件。

⑤ 声环境质量：包括声环境监测概况及评价说明，对居民区的环境噪声进行评价，必要时预测环境噪声状况及发展趋势，提出评价结论。

⑥ 污染源排放状况：包括工区内生产过程中排放的废气、废水、固体废弃物、厂界噪声的描述，整理汇总污染物排放的报表，描述全年排污状况，并进行必要的分析，附相关报表。

第5章 应急监测与安全管理

5.1 环境应急监测预案

5.1.1 水体污染事件环境应急监测预案

5.1.1.1 断面布设

普光气田水体污染事件发生,重点考虑普光镇附近区域内中河、后河上下游的污染物指标情况,应急监测共布设6个监测断面,具体布设情况如下。

(1)在后河净化厂取水口上游100m布设1个背景监测断面,该河流断面地处巴人遗址西侧,交通不便,需要渡船取样。

(2)在后巴河汇入后河的入口处布设1个污染监测断面,观测净化厂投产后可能产生的污水排放对河流的影响,该处水流平缓有回水,污染物易聚集,能反映污染最严重的状况。

(3)在普光镇北中河桥处布设1个污染监测断面,观测中河边的钻井平台、堆渣场等可能产生的污水排放对河流影响,该河流河床浅水流急,污染物易转移。

(4)在普光桥上游100m布设1个污染监测断面,观测中河汇入后污染累加状况,该处河面宽,污染物充分混合,属于污染控制断面。

(5)在P303井下游100m处后河段布设1个污染监测断面,该处汇入了普光气田1号线、2号线、3号线大部分的钻井平台废水排放沟壑汇入至后河处,观测钻井污水可能的排放影响,且该处河道转弯,水流平缓有回水,污染物易聚集,能反映污染最严重的状况。

（6）在 P305 井下游 100m 处后河段布设 1 个污染消减监测断面，后河 P305 井下游 逐渐离开气田，河段逐渐平直，水流急，污染物易消减。

5.1.1.2 监测指标

（1）水体污染应急监测项目共 9 项，分别为 pH、溶解氧（DO）、化学需氧量、悬浮物、电导率、六价铬、总磷、石油类、挥发性有机物。必要时选测水温、流量、流速、色度、重金属等项目。

（2）水体污染应急描述项目包括水色、气味、水面漂浮物情况、污染范围（河长、河宽）等。

（3）地理位置：开展水体污染应急监测时，记录监测断面所在地理位置（如经度、纬度等）。

5.1.1.3 监测时间和频次

（1）水体污染应急监测：在发现污水泄漏或人为偷排，可能造成大面积水体污染事件时，必须立即展开应急监测工作，做好现场采样和实验室测试分析，同时填写水体污染应急监测记录表。

（2）监测频次：水体污染发生期严重时 4h 采样一次，观察期 6h 一次，衰减期 8h 一次。

5.1.1.4 监测方法和评价标准

水体污染应急监测断面采样和监测分析技术按照《地表水和污水监测技术规范》进行。水质评价执行《地表水环境质量标准（GB3838－2002）》标准。

5.1.1.5 报告和数据报送要求

（1）报送内容和报送时间。

水体污染监测期间，环境监测站负责采样监测，根据不同情况，选择相应有影响的监测断面，获取监测数据，并形成监测评价报告。监测数据和监测评价报告及时报送相关管理部门，随时报送。

严禁监测数据的泄露，做好数据的保密工作。

（2）报送方式。

监测评价报告为 WORD 文件，监测数据为 EXCEL 文件或 WORD 文件。监测评价报告须注明拟稿人、审核人和签发人,并以打印文件或电子邮件方式进行报送。

5.1.2 井喷泄漏废气污染环境应急监测预案

5.1.2.1 监测点位布设

根据当时气象状况进行扇型布点采样监测。

(1) 在事故点上风向 100m 布设 1 个背景监测点,该监测点尽量找地势较高、空气流通、周围无障碍物的空旷地。

(2) 在事故点下风向半径为 200m、500m、1000m 的轴向设置监测点,监测最高扩散浓度,沿轴向的垂直方向距轴向监测点 50~100m 的地方设置边缘扩散浓度监测点。各监测点周围空旷无遮挡,大气混合均匀,能反映污染物的扩散规律。

5.1.2.2 监测指标

(1) 大气污染应急监测项目:至少 5 项,分别为二氧化硫(SO_2)、硫化氢(H_2S)、二氧化碳(CO_2)、天然气组分、挥发性有害气体。

(2) 大气污染应急描述项目:风向、风速、气体颜色、气味、污染扩散范围等。

(3) 地理位置:开展大气污染应急监测时,记录监测点位的地理位置,用图和坐标标识。

5.1.2.3 监测时间和频次

(1) 大气污染应急监测:在发现井喷或管道泄漏,可能造成气体污染事件时,必须立即展开应急监测工作,做好现场监测和样品采集及实验室测试分析,同时填写大气污染应急监测记录表。

(2) 监测频次:大气污染发生期严重时 2h 采样一次,观察期 4h 一次,衰减期 8h 一次。

5.1.2.4 监测方法和安全要求

大气污染应急监测各项目监测技术要按照各项目仪器操作规程进行。应急监测车辆和监测人员必须符合以下安全要求。

(1) 应急监测车安装有正压防爆系统,配有风向风速仪等应急监测仪器和设备。

(2) 监测人员每人配备 H_2S 报警仪、可燃气体报警仪。

(3) 监测人员每人配备正压呼吸器、防火服、安全帽等个人防护用品。

(4) 监测人员随身携带报话机等通信系统。

(5) 监测人员根据监测时段和环境随身携带电筒、照明灯、救生衣等。

5.1.2.5 报告和数据报送要求

(1) 报送内容和报送时间。

大气污染监测期间,环境监测站负责采样监测,根据现场气象情况,选择监测点位,巡回监测获取大气污染物浓度数据,并形成监测报告,监测数据和监测报告及时报送相关管理部门,随时报送。

严禁监测数据的泄露,做好数据的保密工作。

(2) 报送方式。

监测报告为 WORD 文件,监测数据为 EXCEL 文件或 WORD 文件。监测报告须注明拟稿人、审核人和签发人,并以打印文件或电子邮件方式进行报送。

5.2 环境监测实验室事故预案

5.2.1 防化学伤害事故预案

在实验室进行化学分析时,由于使用和接触的各种化学药品都具有一定的毒性,如果使用不当,保管不好,都会造成事故。为了贯彻"安全第一,预防为主"的方针,确保员工安全与健康,特制定本事故预案。

5.2.1.1 一般操作要求

(1) 配制溶液时,应用移液管、烧杯、容量瓶、玻棒、药勺等专用工具移取化学药品和药剂。

(2) 进行有毒和易挥发物质化验操作时，应在通风橱内进行，并开窗保持室内空气流动、通风良好。

(3) 剩余不用的强酸、强碱应放回化学试剂柜，不能放在实验台上。

(4) 开启溴、过氧化氢、氢氟酸等物质时，瓶口不能对着自己或身边人；稀释硫酸时，必须在烧杯中并不断搅拌下进行，必须缓慢地把硫酸加入水中。

(5) 所有有毒物质均应放在密闭的容器内，并贴上标签，放试剂柜内保存。

(6) 强氧化剂不得和易燃物在一起存放；做完样品后，含有易燃物的废液处理时，严禁在附近有明火的地方处理。

(7) 腐蚀类刺激性的试剂不得在烘箱内烘烤。

(8) 压碎或研磨苛性碱和其他危险品时，要戴防护眼镜或面罩。

5.2.1.2 紧急处理措施

(1) 酸、碱灼伤皮肤，应立即用大量水冲洗，再用盐水溶液洗涤杀菌，然后再上烧伤药膏。

(2) 酸或碱灼伤眼睛，立即用大量的水冲洗，再用盐水溶液洗涤，滴上眼药水，必要时再到医务室请专业医生处理。

(3) 若灼伤严重或发现中毒时，应立即拨打医务室急救电话或直接送医务室抢救。

(4) 监测站安全领导小组对事故原因进行调查，并将事故情况报上级安全委员会。

5.2.2 防触电事故预案

当发生触电时，应使触电者及时得到急救，确保员工的安全与健康。或电气发生故障引起火灾时，为了能有效地控制和及时扑灭火灾，确保安全生产，特制定本事故预案。

5.2.2.1 一般操作要求

(1) 仪器设备使用前，首先检查设备的插头、插座是否松动有故障，电源是否正常，若有故障先排除故障后，再使用电器设备。

(2) 在实验室分析操作时,不能私自乱接电源电线,有需要时,向室主任或安全员汇报,同意后,由安全员或专业电工操作。

(3) 电器设备使用后,立即拔开电源插头,检查仪器时,必须先断电源,不能带电操作。

5.2.2.2 紧急处理措施

(1) 当发生触电时,首先立即用绝缘物体使触电者摆脱电流,然后立即关闭仪器设备电源及室内电源总开关。

(2) 触电者脱离电流后,应就地立即对其进行急救,同时拨打医务室急救电话或用车辆将伤员迅速送往医务室或医院。

(3) 在医生或车辆未赶到之前,要对触电者全力进行救护,如果伤员意识清醒,可以让其躺着地上不动,直至医生赶到。

(4) 触电者伤势严重,意识不清,组织人员全力抢救。如果触电者停止呼吸,应立即进行人工呼吸;如果触电者心脏停止跳动,应立即进行心脏按压抢救,直至前来抢救的医生赶到。

5.2.3 防电气火灾事故预案

当发生电气火灾时,需要抢救受伤人员,保证抢救人员不受伤的情况下,尽量抢救仪器设备等国家资产。为了能有效地控制和及时扑灭火灾,确保安全生产,特制定本事故预案。

5.2.3.1 一般操作要求

(1) 仪器设备使用前,首先检查设备的插头、插座是否松动有故障,电源是否正常,若有故障先排除故障后,再使用电器设备。

(2) 电器设备使用过程中,防止发生电气短路着火。一旦有故障,立即停止操作,断开电源。

(3) 电器设备使用后,立即拔开电源插头,检查仪器时,必须先断电源,不能带电操作。

5.2.3.2 紧急处理措施

(1) 当发生电气火灾时,首先救护受伤者,同时采取应急措施,关闭仪器设备电源和室内电源总开关,立即就近使用灭火器。

(2)当火势较大,难以用灭火器扑灭火情时,在扑救的同时,应立即拨打火警值班电话,当消防人员赶到现场时,积极协助扑救。

(3)当火势有可能危及贵重设备时,在确保人员安全的前提下,应迅速将仪器设备搬离火灾现场。

(4)火灾扑救后,设立警戒线,撤离无关人员,保护事故现场。

(5)监测室安全领导小组对事故原因进行调查,并将火灾事故情况上报上级安全委员会。

5.2.4 防爆防火事故预案

为了防止实验室发生燃烧及爆炸事故的发生,确保员工的安全与健康,特制定本事故预案。

5.2.4.1 一般要求

(1)挥发性的有机试剂应存放阴凉通风良好处或冰箱内保存。

(2)严禁氧化剂与可燃物放在一起。使用时不得接触和研磨。

(3)爆炸试剂,如苦味酸、高氯酸钾盐、过氧化氢、高压气体等,应低温保管,移动时不得剧烈振动。

(4)氧气瓶、氢气瓶及所用工具严禁与油类接触,操作人员绝对禁止使用有油污的工作服和手套。

(5)各类高压气瓶必须分类保管,远离热源,避免晒及振动,减压阀要专用。

(6)开启高压气瓶时,操作员必须站在瓶嘴的侧面,操作时严禁敲打,发现漏气及时修好。

(7)用气后必须保留剩余残压0.5MPa,不得用尽。

(8)各类高压气瓶,搬运、存放时安全帽要旋紧。

(9)高压气瓶使用完后,要首先关闭瓶嘴高压阀,再关闭仪器上进气阀。使用时压力不能超过规定的安全限压。

5.2.4.2 紧急处理措施

（1）当发生爆炸事故时，首先逃离现场，若发现受伤者，应帮助受伤者一块撤离现场。

（2）及时采取应急措施，关闭室内电源总开关，防止继续爆炸和起火。一旦发现起火，在无连续爆炸，确保自身安全的前提下，立即就近使用灭火器扑救。

（3）火势较大，难以用灭火器扑灭火情时，应立即拨打火警值班电话。

（4）当消防人员赶到现场时，积极协助扑救工作。

（5）扑救火灾同时，应有人照顾受伤者，视情况进行救护，或报急救电话送往医务室或土主乡医院救治。

（6）火灾扑救后，警戒事故现场，撤离所有无关人员。

（7）监测室安全领导小组对事故原因进行调查，并将爆炸事故情况上报上级安全委员会。

5.3 环境监测管理制度

5.3.1 环境监测实验室安全制度

（1）实验室内的安全设施应每月检查一次，确保其随时处于完好状态。

（2）室内仪器、器皿应放在规定位置，不经保管人同意，不准擅自移动，以免弄错和造成不安全事故。

（3）使用易然、易爆、剧毒药品，必须严格按规定执行。

（4）使用仪器、器皿必须按仪器设备操作规程使用。

（5）不准将强酸、强碱、有毒、有害物质直接倒入下水道，应先转化处理，再进行清洗排放。各种废物排放应符合环境保护要求。

（6）使用水、电、气、火等严格按规定操作，用后必须检查完毕后，方可离开实验室。中途停水、停电时，更应特别小心。

（7）实验室内不准存放私人物品、严禁吸烟和吃零食。

(8）实验室内发生意外事故时（电、气、水、火等）应立即切断来源，采取有效措施及时处理，并上报有关领导。

(9）对不按安全要求工作，造成事故者追究当事人责任。

5.3.2 环境监测站仪器设备管理制度

5.3.2.1 仪器设备的标识

所有监测使用的仪器设备应有唯一性编号，并有三色（绿、黄、红）标签，标明其受控状态。

5.3.2.2 仪器设备的使用

(1）正确使用仪器设备，做到责任到人；仪器使用前、使用中、使用后，应注意检查其状态是否正常，并认真做好记录；对于在实验室固定场所以外使用的仪器设备，在运输途中，应确保其安全。

(2）仪器必须严格按照仪器说明书和仪器操作规程的要求使用。

(3）如果仪器设备校准时，产生了一系列的修正因子，则在仪器使用时，需把修正因子全部加上，并确保其所有备份（如计算机软件中的备份）得到及时正确更新。

(4）仪器设备外借应经站长批准，外借设备返回后，设备管理员应检查设备状态是否完好，并做好相应记录。

5.3.2.3 仪器设备的计量检定/校准

(1）设备计量员应按监测仪器的检定周期进行送检/送校或自检，仪器设备的计量检定/校准应计划，计量检定/校准证书应存档。

(2）计量检定合格的仪器设备或校准后经判定符合检测要求的设备才允许使用，需进行期间核查的设备应按时进行，并将核查结果及时存档。

5.3.2.4 仪器设备的保养维修

(1）设备管理员应做好仪器室内仪器设备的日常管理、维护、保养工作，并做好记录。

(2）外出仪器设备的日常管理、维护、保养工作由监测人员负责。

（3）监测人员一旦发现仪器设备出现故障或异常情况应停止使用，立即通知设备计量员、设备管理员，仪器设备贴上停用标志（红色标签），对故障做好详细记录，上报设备管理员和站办公室。

（4）修理好的设备在使用前应进行计量检定，检定合格后才能使用。

5.3.2.5　仪器设备的档案管理

环境监测站应保存每一台仪器设备的档案，借阅时应办理有关手续。仪器设备的档案应该包括的内容有：

（1）仪器设备名称；

（2）制造商名称、型号、序号或其唯一性标识；

（3）接收日期和启用日期；

（4）目前放置地点；

（5）接收时的状态及验收记录（如全新、用过的、经改装的）；

（6）仪器设备使用说明书或复制件；

（7）校准或检定日期和结果以及下次校准或检定的日期；

（8）迄今所进行维护的记录和今后维护的计划；

（9）损坏、故障、改装或修理的历史记录。

5.3.3　化学试剂储存保管及领用管理制度

（1）化学试剂必须专柜存放、专人管理。

（2）领用化学试剂，必须由监测员提出申请，填写领用记录，包括品名、数量、应用项目等，经室主任同意后方可领用。

（3）发放化学试剂时，必须有室主任、化验员、保管员同时在场，按用量多少称取，立即配制成标准溶液。

（4）称取化学试剂必须戴一次性手套，穿好工作服。

（5）化学试剂发放必须有登记记录，写清时间、用量等，并签名。

（6）发现中毒事故立即上报，迅速将中毒者送医院抢救，并向医生说明中毒试剂名称、数量等有关情况。

5.3.4 实验室通风橱安全管理规定

(1) 当有挥发性气体、移取强酸液体等接触有毒有害物质操作时,要在通风橱内进行,防止发生人为中毒。

(2) 蒸馏、加热回流等有爆沸现象的操作,要在通风橱内进行,防止爆裂和溅出高温液体。

(3) 通风橱控制开关箱,在非检查的情况下不能打开,防止里面控制器件损坏。

(4) 经常打扫通风橱,保持清洁、密封、通风效果良好。

(5) 使用过程中,一旦发现运转声音不对,立即关闭开关,停止运转,查找原因,排除故障后再行使用。

5.3.5 环境监测站职业卫生制度

(1) 实验室内的安全防护设施应每月检查一次,确保其正常运转,处于完好状态。

(2) 室内仪器、器皿应放在规定位置,不经保管人同意,不准擅自移动,以免弄错和造成不安全事故。

(3) 使用易然、易爆、剧毒药品,必须严格按规定执行。

(4) 使用仪器、器皿必须按安全操作规程使用,监测分析时要在通风良好的条件下进行。

(5) 不准将强酸、强碱、有毒、有害物质直接倒入下水道,应先转化处理,再进行清洗排放。各种废物排放应符合环境保护要求。

(6) 使用水、电、气、火应严格按规定操作,用后必须检查完毕后,方可离开实验室。中途停水、停电时,更应特别小心。

(7) 实验室内不准存放私人物品、严禁吸烟和吃零食。

(8) 实验室内发生意外事故时(电、气、水、火等)应立即切断来源,采取有效措施及时处理,并上报有关领导。

(9) 对不按安全、卫生要求工作,造成事故者追究当事人责任。

5.3.6　环境监测实验室废液处理制度

（1）不准将强酸、强碱、有毒、有害物质直接倒入下水道，应先转化处理，再进行清洗排放。各种废物排放应符合环境保护的要求。

（2）互不混溶的有机溶剂废液，应集中回收处理，防止发生燃烧和爆炸事故。

（3）含氰化物废液应调至偏碱性，然后加入漂白粉溶液使其分解。苯并芘、联苯胺类致癌性物质，应谨慎处理，可拌入燃料，置焚烧炉中焚烧。

（4）汞、铅、镉、钡等金属及砷等试剂，按实际所需配置，不应浪费，造成污染环境。

（5）化学需氧量产生的废液应先调至中性后，再进入下水道排放。

本章思考题

1. 仪器设备管理需要有三色标识，是哪三色？各代表仪器的什么受控状态？
2. 酸、碱灼伤皮肤、眼睛应如何处理？
3. 含氰化物的废液应如何处理？